成长也是一种美好

余生不上班

我的乡村人生实验

罗逸——著

人民邮电出版社
北京

图书在版编目（CIP）数据

余生不上班 ： 我的乡村人生实验 / 罗逸著. 北京 ： 人民邮电出版社, 2025. -- ISBN 978-7-115-66086-2

Ⅰ. B821-49

中国国家版本馆 CIP 数据核字第 2024VB7771 号

◆ 著　罗　逸
责任编辑　林飞翔
责任印制　周昇亮

◆人民邮电出版社出版发行　北京市丰台区成寿寺路 11 号
邮编 100164　电子邮件 315@ptpress.com.cn
网址 https://www.ptpress.com.cn
文畅阁印刷有限公司印刷

◆开本：880×1230　1/32
印张：9　2025 年 2 月第 1 版
字数：200 千字　2025 年 2 月河北第 1 次印刷

定　价：59.80 元

读者服务热线：（010） 67630125　印装质量热线：（010） 81055316
反盗版热线：（010） 81055315
广告经营许可证：京东市监广登字20170147号

推荐语

青年人下乡并不是一个很稀缺的话题，但这本书是把青年人的生命自觉与回归乡土紧密结合并作为主题思想来讨论的，因此更值得关注。

——西南大学乡村振兴战略研究院首席专家，
《八次危机》作者　**温铁军**

罗逸从自身经历出发，不断追问："我到底喜欢什么？我这辈子到底要做什么？"带着生命的创痛，在一次次"返回"中，她夯实了生命的根基，恢复了饱满的元气，并找到了更多的同行者。可以说，这本书聚焦于年轻人的精神困惑和相应出路，将目光对准回归乡土的那批年轻人，以无可辩驳的事实，凸显了"真实经验"和"扎根大地"的重要价值。

——非虚构作家，《我的二本学生》作者　**黄灯**

一群有主见的年轻人，他们真回农村了！罗逸的文笔特别好，把他们生活中的酸甜苦辣写得非常真实，看得你心里痒痒的，也忍不住琢磨：人生到底怎么活才有意义？如果你也迷茫了、累了，想换个活法，那这本书绝对能给你一点启发。它不光讲个人选择，也讲这时代的另一种出路。

——乡村笔记创始人　**汪星宇**

推 荐 序 一

新文明路上的生命觉醒

我一口气看完了六个年轻人回归乡土的故事。他们的故事，在目前这个大变局、社会转型的时代并不代表潮流，但却像一股清流，将我们引向另外一个未来世界。

这六位回归乡土的青年分别是：从三下乡村中探索自我救赎之路的罗逸；在昆虫世界找到自我、与虫为友的赵阳；回归故土，以有机农耕为生计，让一个因现代化分崩离析的家庭重新回到三世同堂、其乐融融景象的唐亮；回到故乡桐乡，让即将消失的古法养蚕复兴的于建刚；回归山林，在自我陶醉中煮茶、扫地、站桩、做坝、种花、打坐、写书，最终竟然为人传道解惑的江伟伟；少年立志在远方，20 年后的圆梦竟然是回归福建老家乡村的青年教授潘家恩。

不要误解，这六位回归乡土的青年，他们不是不适应都市竞争压力而逃离的失败者。恰恰相反，他们是早早醒来的觉悟者。

虽然他们均回归了乡土，但他们都年少得志、考上名牌大学，还曾就职于大都市前途无量的岗位。当年的罗逸中考740多分，可以上当地最好的高中；来自河南贫困家庭的赵阳考入了北京的大学；来自四川省牛角村的唐亮考上了西南大学；出生在浙江桐乡的于建刚从不知名的村庄小学和初中一举考上重点高中，随后进入重点大学，毕业后供职于广告行业的旗舰公司奥美。出生在河南新安县梭罗村的江伟伟，他考上了西北农林科技大学，成为全镇第一个考上重点大学的孩子。来自福建宁德的潘家恩考入的是中国农业大学。

可以肯定，这六位青年才俊，就他们的智力、意志力、综合能力而言，他们只要接受都市生活，就会成为竞争优胜者。然而，是另一种说不清、道不明的内在力量，推动着他们走上了逆向之路。他们选择这条路，不是逃离，而是开辟；他们披荆斩棘地走向了一条让他们心生喜悦、一旦踏入就很难再回去的路。

在他们从徘徊、苦闷、思索，一直到最后抉择的过程中，最终使他们做出抉择的那个契机，不是逻辑推理的概念，不是高人指路，而是他们不约而同地看到了一道光。这道光堪称时代之光。

500 年前，地中海城市被时代的阳光照耀，开启了引领世界文明的工业化时代。500 年后的今天，时代的太阳从东方升起，来自东方地平线上的时代之光，首先照耀的地方或许不是城市，而是中华文明之根——乡村。

这些觉醒、觉悟的年轻人追寻的，就是照耀在乡村大地上的那道光。

不要误解，这六位回归乡土的青年不是嗅到乡村发展商机才回乡的创业者；他们是在使命感的驱使下开启了新生活的试验者和探索者。

在鼓励年轻人回乡创业的背景下，大家也许会想到，他们就是这类创业青年。他们确是一批创业青年，但他们创业锚定的不是某类具体的产业，而是在乡村开启新的文化启蒙、新的文明构建、新的生活试验、新的精神再生事业。

罗逸在三下乡村的生活中，找到了疗愈“空心病”的解药。与昆虫为友的赵阳，要告知远离自然的孩子和家人们，自然才是人类真正的朋友、是人类智慧的导师。回到四川老家的唐亮，从来不把“挣很多钱”当成最重要的目标。面对收入的诱惑，唐亮严格遵守一个原则：以家业为重。家业，不是创业，也不是产业，它是以全家人的需求为考量、以子孙兴旺为愿景的概念。回到故乡桐乡的于建刚与梅玉惠这对青年夫妇，他们在讨论生活与工作的关系时，形成了一个共识："没有生活，工作有什么意义？"于是他们放弃了一次又一次做大做强的诱惑，笃定地享受着"以蚕养身"的乡土生活。以埙为伴、以自然为师的江伟伟，不仅自己在诗意的山林生活中找到了自我，还帮更多的人走出了迷茫。少年就立志要报效祖国的潘家恩，最后选定的是让自己生命价值最大化的回乡之路。

也许有人认为，他们太理想化了，他们走的是一条远离时代潮流的路。恰恰相反，他们今天回归乡土，是要告知社会，低成本、低碳且以健康、亲情滋养的乡村新生活，恰恰是疗愈现代诸多"文明病""城市病"的良药，恰恰是让乡村振兴走向正道的新探索。乡村振兴需要产业兴旺，但让乡村发挥其最大价值的不是乡村产业，而是乡村生活。这种新生活不是一般的新生活，是以生态农业为根、以乡土文化为魂、以自然为师、以修复家庭为基本的生态文明新生活。所以，他们是新生活、新文明的试验者与探索者。

这六位回归乡土的青年，不是回归传统乡村社会的守旧者；恰恰相反，他们是在回归乡土的过程中，确认了"我从哪里来，要到哪里去"的生命觉醒者。

在快速城市化的过程中，我们正逐渐远离甚至忘记我们的文明之根、文化之源——故乡。在物质财富快速增长的过程中，一些缺乏精神、文化、自然、生活滋养的生命，陷入了“空心化”的困境。我们似乎忘记了我们是谁，我们从哪里来、要到哪里去。这六位年轻人回归乡土的故事，或许正是这些困境的突破口。突破口也许不是唯一的，但他们在回乡的路上获得文明自觉、生活自信、生命自醒的故事，是值得我们去感受的。

生命绵延不息，命运相互连通。面向新文明时代，需要生命的觉醒；生命的觉醒需要生命与生命之间的感应。这本书所讲述的正是让我们感受时代之光、点燃生命之火的故事。

2024 年 11 月 8 日

推荐序二

关于食物、农耕和我们的未来

罗逸的文字又把我拉回了15年前在“小毛驴”工作的时光，二十几岁的我们住在后沙涧村的那个院子里，争论着“我们到底应该为农民服务还是应该为市民服务”的问题，院子里充满了争论，也充满了欢声笑语，那里成为中国2000年后新世纪乡村建设工作者和生态农业人的聚集地。记得有一天，我们在农场里大笑，那时我们正在做一个课题研究——“都市型生态农业”。农场的几个伙伴自嘲地说，我们这里跟想象中的都市还差太远。然而，前段时间我再去的时候，发现村子已经被拆平，周边已经都是楼房，农场真的已经成了“都市农场”。

彼时，我在一个刚刚建设好但充满复杂关系的产学研基地里，投注了一个看似完全不着边际的梦想：我要把社区支持农业（Community Support Agriculture, CSA）模式在中国推广开。27岁的我刚刚从国外种了半年地回来，被日复一日的简单而重复的劳动改变了。我坚信“改变世界要从改变自己开始”，从在美国种地的经历之中寻找到了“境随心转”的要诀。人的一生或许本来就是没有意义的，而所有的意义都是我们赋予的。那年回国时，有人赠送了我一本非常旧的书，就是现在已经被翻译成中文版的《四千年农夫》。我去西方取经去了，结果取回来的经是西方人对中国农业永续发展的思考，而这本书影响了西方百年来的可持续农业发展。出国前，我有个研究农药的男朋友，回国后我却发现我们的价值观已经产生了巨大差异。后来，与我共同创办农场的同门师弟成了我的合伙人、恋人、伴侣，现在我们有了两个可爱的宝宝。我们在我们的农场“分享收获”所在的村庄里扎根，2024 年我们还在村子里开了面包店，尝试让新农人创客成为“CSA 生态创客学苑”的主理人，跟全国的 100 名生态农人和众多消费者共创了公共品牌“公平田野”，通过合作的力量，让健康生活方式走进千家万户。

在四十不惑的年纪，我特别感谢自己拥有这样一段不同寻常的人生体验。现在再回忆那半年每天都在美国明尼苏达州的黑土地上真正种地的日子，没有手机信号、没有电视、很少社交，我上下班的乡村公路上经常有野鹿出没，一场暴风雨能刮倒几棵两三人合抱的大树。我每天 8 小时置身于辽阔土地之上，关注自己的呼吸，关注土壤里的生命，关注眼前的蔬菜，品尝极致新鲜、美味的食物，感受农场人的简单和纯粹。这种体验和瑜伽、太极的内核极为相似，我那半年身心素质的改变及劳动之余收获的研究成果，惠及了我一直以来的生活和工作。

读罗逸写的几位新农人的故事，令我特别高兴的是，我好像重新认识了他们。比如跟我一起工作了两年多的唐亮，我一直不太理解为何他一定要开一个家庭农场，对农场的扩大经营极为审慎；直到读完他的故事我才意识到，这跟他曾经是一个乡村留守儿童有关，他的母亲曾在外打工、长期不在家中，家庭中的矛盾其实是最难调和的。我想象过唐亮坚持家庭农场的背后一定有着无数的抗争，在罗逸的笔下我读到了。我还看到了潘家恩考上大学之前就有改变乡村和农民命运的理想；看到了“梅和鱼”品牌背后很多不为人知、坚守品质的故事；看到了我印象中不健谈甚至容易害羞的江伟伟，现在像一个世外仙人一样生活；看到了罗逸和她先生自“小毛驴”结缘之后，在生活中遇到的种种矛盾及共同成长的历程。

今年我们为我们三岁的孩子小艾在农场里创办了一个小小的自然学堂。一开始来学堂的就是农场员工的孩子，一共四个，到今年 11 月又增加了三个孩子。我们创办这个学堂的初衷就是把“吃得健康”放在第一位，关心土壤和关爱心灵是一致的。我们的“三好学生”评价标准是吃好饭、睡好觉、玩好土。

我感谢那个20多岁的我拥有的自信、勇敢、坚强，也祝福所有的新农人。你并不是换了一个创业的赛道，而是走上了一条重建生命的道路。请你试着去接纳并欣赏你所面对的问题本身，即使这些问题不断困扰你，你也要勇敢追求自己的热爱。每个人一生中每一天的生命体验都是无可替代的，所以，每个人毕生的功课都是活出自己，因为没有人能体验你的生命历程及喜怒哀乐。你无须跟任何人比较，人生终究是探寻自己是谁的过程。不要怀有目的地追问答案是什么，想必现在没有谁能将确切无疑的答案清晰地交代给你；就算抛给你与问题相对应的答案，在你的阅历尚浅之时，你也无法参透要领。要有经历一切的毅力和面对一切的态度，当下带着萦绕自己心头的问题向前走也没什么大不了，或许就在未来的某天里、在无意间，你就会对问题不再忐忑，找到适合你自己的生活方式。分享健康的食物，传递人对大地的尊重与爱，是一件幸福而美丽的事！

石嫣

2024年11月19日于柳庄户村

自 序

不上班只工作——人生的破格与重塑

毕业十几年，我正正经经在大公司上班的时间只有一年。我之所以无法把“班”上下去，是因为那个公司倒闭了……也许是命中注定，我来到这个世界的任务，就是在按部就班地“上班”之外找到活着的意义。

这个任务完成起来并不轻松，我需要在极端低收入（有时候完全没有收入）的情况下，思考哪些事物才是最重要、最值得追求的；我需要在没有餐馆、外卖的情况下，每顿饭都自己做，要知道我小时候可从来没有做过任何家务；我需要在不断换工作、搬家、换省份生活的不稳定状态中，寻找那个最稳定的东西……

在我翻过一座又一座山岗、穿过一片又一片迷雾后，我来到了你的面前，我想和你讲讲我在这个旅途中遇到的一些有意思的人；聊聊我认为非常重要却没有被众人高度重视的一些事。这就是本书的由来。

旅途虽然险象环生，但作为“探险者”，有时候我会得到丰厚的回报，那就是找到“宝藏”。我挖到了三个令我受益一生的“宝藏”，在此分享给书本前的你。

第一个宝藏：我对大自然有了知觉。与大自然有连接、对大自然有知觉，是生命最重要的基础。没有这个基础，谈什么身体健康、心理健康，是不切实际的。想象一下，如果你把一只野生的猩猩关在笼子里，然后它抑郁了；这时你对笼子里的猩猩提供丰富的餐食、提供心理咨询，能否有用？当出现心理问题时，我们要做的第一件事应该是脱离“笼子”的束缚，走进自然，然后再来谈食物营养、心理咨询等手段。

第二个宝藏：我看到了乡村被忽视的价值。我长在城市，在我的成长历程中，几乎没有人和我提起过乡村，更别说提到乡村的好处。它就像一个完全遗忘的、被抛弃的世界。当我 23 岁第一次接触乡土时，我被它的生动、宜居、广阔吸引。随着乡土生活的深入，你还会遇见另一个宝库：中华传统文化。《周易·系辞下》云：

古者包牺氏之王天下也，仰则观象于天，俯则观法于地，观鸟兽之文，与地之宜，近取诸身，远取诸物，于是始作八卦，以通神明之德，以类万物之情。

不管是《周易》《道德经》还是《黄帝内经》，它们的诞生首先来自古人对天地、日月、星辰、鸟兽、草木的仰观俯察。现代都市人几乎不再有“仰观俯察”的机会和能力，大部分时间都待在设施俱全的高楼里。如果我们想要在下一个时代进程中活得更幸福，就该重新赋予乡村价值。它不但提供了人与自然和谐相处的物理空间，也是古老智慧和文化的诞生地。

第三个宝藏：我找到了自己的天赋和使命。我遇到太多朋友，他们说“不知道自己喜欢什么”，说“迷茫，不知道下一步该干什么”。对此我特别能理解，我在这种状态下过了很多年。怎么走出迷茫呢？我有四个关键词：极简（在物质和事务方面简化到极致，让自己退无可退，才更容易看清万物本质）、劳动（最好承担有一定强度的体力工作，劳动是生命的重要组成部分）、尝试（尝试新的工作、新的爱好等）、追问（不断问自己，此生为何而来）。

如果你一想到周一要早起上班就有说不出的厌恶；如果你感到迷茫和无意义;如果你正在经历情感、财务、事业上的困境……那就翻翻这本书，看看当下可以做些什么来让自己好起来。

当然，也许你已经想过一万遍要开始、要行动，却久久没法走出舒适区。这里就要提到本书副书名里的一个词，也是本书的重要概念：人生实验。人生不过就是由一次次实验组成的，既然是实验，就会有失败、有成功，也会有新发现。科学家为了完成研究课题，需要做很多次实验；我们每个人也都有各自的生命课题，唯有不断实验，才能找到答案。

本书的 6 位主人公无不是在进行一场场非常有意思的人生实验。比如于建刚辞去了北京的高薪工作后，做过很多尝试；迫于各方面压力，有段时间他还一边在村里创业，一边在临近地区上班，过着“半农半 X”生活。再比如唐亮，把十来个家人聚到同一屋檐下后，他同样在不断实验，用什么方法可以协调这么多人的矛盾、恩怨与需求。

实验精神由两条铁律组成：一、勇敢尝试；二、一个办法行不通就再想下一个办法。

实验，意味着打破旧有格局，重塑新的世界。

“你是不是在外面做错事才回村里的？”

“大学生就干大学生的事去，哪有在家里务农的？！”

“我看你还是赶紧找工作吧，你肯定搞不成！”

这样的话书中的主人公们听了很多次，他们之所以能坚持下来，是因为每个人都怀着“重塑新生活”的愿景：

人应该与自然和谐地融为一体，而不应每天从一个“格子间”

移动到另一个“格子间”；人应该吃健康的天然食物，而不是有农药残留和添加剂的“工业食物”；人应该享受富有诗意、创造性的童年，而不应成天坐在教室里刷题；人应该有精神使命，而不应在物质消费中迷失了方向……

回到“余生不上班”这个主书名，“不上班”不只代表了当下一小部分人的生活状态，更是我对未来世界的畅想和呼唤。朝九晚五地“上班”只是工业文明的产物，在工业时代之前，人们是“不上班”的；在此之后，或许更不应该上班。每个人来到这个世界上，不是为了“上班”的，而是为了带着使命“工作”的。找到自己的天命职业，做热爱的事，终生成长，并对他人、对自然万物保持慈悲和感恩，我认为这才是文明的更高级形态。

最后，我要对家人、朋友、老师们表达最真挚的谢意。感谢我的继父，您给了我衣食无忧的童年；感谢我的姨妈，您是家族里第一个关注和支持我的“怪异行动”的人；感谢温铁军老师和小毛驴市民农园所有的老师、朋友们，你们是我乡村之路的同行者和陪伴者；感谢老杨夫妇和你们的朋友们，你们让我和先生在异乡的日子里格外温暖；感谢潘家恩老师及西南大学乡村振兴战略研究院、屏南乡村振兴研究院的大力支持；感谢图书编辑林飞翔老师和郑连娟老师，没有你们的真知灼见就没有这本书；感谢我的先生陈云，正因为有你，我的生命才如此丰富多彩。

谨以此书献给所有为自由、生态、和谐而行动的人们。愿我们找到属于自己的道路，活成一颗颗星星。虽然每颗星星的光芒很微弱，可当星星们聚在一起的时候，就能让天空闪耀。此书也献给依旧在迷茫中挣扎的朋友们，请记得人生只不过是一场场实验，为你的下一场实验迈出一小步吧！

罗逸

2024 年 11 月 于重庆南山

目　录

CONTENTS

CHAPTER ONE / 第一章

“空心人”的自我救赎

1 空心病：隐秘的心理灾难

我的乡村之行始于一场精神劫难。

我完完全全在城市里长大。从物质层面看，我倒是从小有吃有穿，也无须去干什么重活，连简单的家务都没干过。很多人认为，有这样的成长环境，你应该知足，并且不应该有问题；若是有问题，那一定是你“无病呻吟”。

可是，自高中开始，身体的不适、精神的痛楚，明白无误地折磨着我。抑郁、暴食、失眠、便秘……十七八岁的我，确确实实是病了。

曾有家长在医院的儿童精神科诊室里当众质问 14 岁的孩子：“你有什么好抑郁的？”情绪激动的家长还表示：“我过得这么难，我都没抑郁，我抑郁还差不多！”

北京大学副教授徐凯文在题为《时代空心病与焦虑经济学》

的演讲中说：“我做过一个统计，北大一年级的新生，包括本科生和研究生，其中有 30.4% 的学生厌恶学习，或者认为学习没有意义；还有 40.4% 的学生认为活着或人生没有意义，我现在活着只是按照别人的逻辑这样活下去而已，其中最极端的就是放弃自己。”这种现象被徐凯文称为“空心病”。他表示，抗抑郁药物对“空心病”无效，连治疗抑郁的撒手锏——电抽搐治疗，对“空心病”亦无效。

又是“抑郁症”，又是“空心病”，在很长的时间里，我没搞懂这两种状态有什么区别，我的症状和这两种都有点像。我曾经发视频讲述我从抑郁中走出来的过程，却被一位网友嘲讽：“你这也叫抑郁！”他的话忽然点醒了我：我确实是抑郁了，但我没有得抑郁症。这之后我意识到，“空心病”才是更准确地诠释我症状的那个词。大众都比较熟悉抑郁症，而很少有人了解“空心病”，包括我自己对这个概念也全无所知。因此，在 20 多岁至 30 多岁的人生黄金期，在同龄人忙着进修学业、发展职业、生儿育女时，我却仅仅做了一件事——搞明白我到底怎么了。奥地利精神病学家阿尔弗雷德·阿德勒说：“幸福的人用童年治愈一生，不幸的人用一生治愈童年。”显然，我属于后者。

得了“空心病”的人，最大的敌人是“虚无”——成绩是没有意义的，工作是没有意义的，爱情是没有意义的；因为一切都被视为没有意义，所以他们认为没必要活着。

上初中时，我离开家到另一个城市上学，成了住读生。很多同学因为想念家、想念父母，一往家里打电话就哭得稀里哗啦，我心里却没有一丝对家的依恋；中考时，我考了 740 多分，当地好高中可以随便挑，我丝毫没有觉得这有什么可高兴的；高考时，我考的只比重点本科院校录取分数线高几分，低于平时的水平，换作别人可能捶胸顿足，可我却没有感到丝毫的难过和遗憾……我没有正常人应该有的喜怒哀乐，整个世界与我无关——这就是“空心人”。

“空心人”不了解周遭世界，也不了解自己。“我到底喜欢什么？这辈子到底要做什么？”这两个问题曾经像一块巨石一样压得我喘不过气。在很多年里，我用力去想，用力去找，却找不到一件事让我觉得“对，我就是该做这个”。我就像一个猎人提着猎枪，在冰雪茫茫的山林里走了三天，特别想见到一只活物，野兔也好，灰鼠也好，可偏偏一无所获。看着同龄人仿佛轻而易举就找到了工作，我却因为这些工作“都不是我喜欢的”而无法去上班。在 20 多岁本该朝气蓬勃、意气风发的年纪，我却丢掉了走向世界的通行证。

是什么导致了“空心病”？我自然没有能力把所有原因都总

结出来，这需要更多的样本和调查研究，但我可以聊聊我自己的经历。

我的母亲离过两次婚。在我的记忆里，她只下厨做过一顿饭，没错，只有一顿；而她接孩子上下学的次数是零；在家擦地板、洗衣服的次数是零；我和她讲过的话不超过 10 句。她像水汽一样在我的整个童年里蒸发了。

海明威曾说，不幸的童年是对一个作家最好的训练。这大概解释了我为什么热衷于写作。

我的成长遇到了极大的障碍。先是养育者缺失，在婴幼儿时期该得到关爱和回应的时候我没有被恰当回应。不仅如此，当我开始有记忆时，生身父母给我的最深刻的印象就是争吵；母亲再婚后，新的家庭里依然有争吵发生。无数个夜晚，我已经上床入睡，父母的房间里却响起了争吵声。我对人类世界失去了信任，我的精神启动了防御机制，那就是逃避。若精神不在，那么认识自我、高效学习、发展人际关系都无从谈起。

成年后的我极喜欢独处，因为独处就是和自己在一起，去感受自己的所思所想。

亲密关系的缺失不是我进入“空心病”状态的唯一原因。在成长过程中，我还遇到了另一个巨大的障碍，那就是**真实经验的**

缺失。我没有观察大自然的经验，没有做家务的经验，没有玩耍的经验，没有社会实践的经验。我只是从小到大坐在教室里，不停地学习书本知识。假如我们把一只老虎从小关在笼子里，长大后再放出来，它知道在什么时间狩猎吗？它知道在什么情况下可以出击吗？它有超越猎物的奔跑速度吗？它将丧失身为老虎的一切技能和本能，空留一个皮囊。“空心人”和那笼中之虎一样，不过是留了一个“人”的皮囊。

大学毕业，23岁，我几乎被自己的状态溺死在黑暗的激流里。我凭着一点点求生本能和一点点对新事物的好奇，进行了一场精神自救——离开故乡，离开熟悉的生活，去一个完全陌生的世界，一别13年。我在这一路上经历的磨砺，不亚于唐僧师徒经历的“九九八十一难”。我不知道我的结局是否可以如我所愿，但至少就目前来说，我取得了阶段性的胜利：我为自己找到了一片精神家园。

我第一次感到活着毫无意义、毫无目标，是在高二或高三的时候。我的成绩还算不错，但好成绩丝毫没有给我带来快乐；任何事物都没有给我带来快乐。

伴随情绪低落而来的，是身体的一系列异常。首先是失眠，晚上睡不着，白天打瞌睡：我还清楚地记得，有一次我在数学课上半醒半睡，虽然我努力地使脑袋抬起来，但它还是因为浓重的睡意而一次次垂下去；我知道我的数学老师已经看到我的脑袋在起起落落，但他出于善意没有说什么。

除了失眠，另一个毛病更可怕，那就是暴食症。我的暴食症从初中开始就有苗头，高中和大学时期达到顶峰，一直持续到大学毕业之后的好几年，算下来我的暴食史差不多有 10 年。我像快要冬眠的熊一样狂吃不止——正餐过后，我继续用大量饼干、面包、蛋糕填塞我的胃，虽然肚子胀得像马上要滚落在地上一般，但我根本停不下来。

我高中时的焦虑来自学业——我其实根本不知道为什么要一直坐在教室里把分数考高，却不得不这么做，就像一头被蒙住眼睛却被赶着不停往前走的驴。我通常会在晚自习开始前狂吃，随着晚自习开始的时间逼近，我吃得越来越多，最后我挺着沉重而坠胀的肚子踱进教室。

我大学时的焦虑则来自社交。那时候我才突然意识到人的性格是不同的，我看到身边的同学光芒四射、做事游刃有余，我却无论如何也做不到和他们一样。我报了当时很有名的英语学习营，那里的讲师们认为只要你大声说英语、勇敢地上台、积极地交朋友，你就“突破”了自己，你就能取得“成功”，至少是离“成功”更近了。我照着做了，结果是我的暴食症更严重了。我通常会找没课（或者是有课但我逃了）的下午去食堂吃饭，从一个窗口吃到下一个窗口，直到吃得再也无法动弹。第二天，我的手指会因为吃了太多食物而肿胀，我的脑袋像被塞进了未消化的蛋糕糊、饼干糊而昏昏沉沉；我艰难地从床上爬起来，我知道新一天的暴食又将开始……

暴食带来了一系列的后果：体重飙升、疲乏无力、腹痛便秘。那时候我感觉自己吃得像个笨重而庞大的动物，走几步路都觉得吃力；我的脸像注了水的气球般鼓了起来；哪怕只是过了个短短的寒假，同学见了我都会脱口而出："你怎么胖这么多"……

毫无目标，却强迫自己更"努力"，这大概就是我身处的地狱。抑郁、暴食、失眠是地狱里三个对我日日施以酷刑的魔鬼。

如果你是我，你很快就会明白，考研、找工作对我来说毫无意义——这些事并不能帮我走出地狱。

植物在黑暗中会努力寻找亮光，哪怕光是从一条很细小的缝中射进来的，它也能立马感知到。我也在挣扎之中寻找着我的亮光。过去坐在教室里有多乖巧，如今的我就有多叛逆，我开始对那些"小众"的事充满兴趣：野生动物保护、环球旅行、果食、生机饮食、一边街头卖艺一边游欧洲……就在我兴味盎然地翻阅这些博主的微博和博客时，我看到有个爱好环保和素食的博主转载了一篇博文，这篇博文介绍了图书《四千年农夫》。虽然我对农业全无了解，但因为关心环境问题，我把书中一个内容看懂了：过去东亚的农夫采用不施农药、化肥的耕作方式，并且把生物体的排泄物等物质都还归土地，这样既没有造成环境污染，还保持了土壤肥力。

我惊叹于这种环保永续的智慧，就顺着这篇博文点进了原作者的主页。原作者叫石嫣，她是中国人民大学的博士，当时她是小毛驴市民农园的名誉园长，同时也是《四千年农夫》的译者之一。在石嫣的博客里，我了解到“小毛驴”是一个很开放的农场，学生、学者、背包客、想转换赛道的中年职场人从四面八方涌到此地。“有些年轻人背个包就来了。”石嫣在博客中写道。这句话打动了我，既然别人能去，我为什么不能去呢？当时我刚毕业，在浙江随便找了个工作，还上着班，但这不是问题。

我在石嫣的博客中找到了申请表，很快把它填写完毕。表上有一个问题让我印象深刻——你对三农问题有什么看法？这个问题问倒了我，就像问一个正在地里点豆子的老农：“你对人工智能有何看法？”在看到“三农”这个词之前，我似乎从没意识到这世界上有一个庞大的群体是靠种植食物为生的。我甚至没有想过我要去的地方和“三农”有什么关系，我只是觉得那个农场很好玩，打算去看看。

好在这是线下填表，不是现场面试，我从网上随便抄了一段关于“三农”的介绍就交差了。

因为我正好会写点东西，在岗位那栏我填的是“媒体宣传”，这个万金油般的职业技能使我被顺利录取，由此我这个冒牌的农业关注者混进了生态农业圈。我很快辞了工作，一个人拉着行李箱去了北京。如果这时有个发着幽光的水晶球对我说“别去，去了你将会遭遇穷困，你将在偏远的山区终日劳作，你将和一个家境贫寒的男人结婚，你将穿别人穿过的旧衣、吃粗茶淡饭……”，我也许会被吓住，但人生没有“如果”，我就这样踏上远行的火车，我的命运也被北京之行彻底改写。

到了农场之后，我的心情只能用“惊掉下巴”来形容——这是个什么地方！所有的事物对我来说都是新鲜的，我每天忙着瞧瞧这里、看看那里，仿佛垂死的人忽然被打了强心针，“空心病”仿佛被扔进了千里之外的垃圾桶里。

这边，有个精瘦、戴着厚厚眼镜的青年，人们开玩笑说这位黄老师是“极端环保主义者”，当时网购才兴起不久，黄老师以“网购的胶带和包装箱太浪费”为由，坚决反对网购；那边，有个剃了光头的男生，他以“上厕所用的纸太浪费”为由，坚决要用紫苏叶子代替卫生纸，我一看，果然厕所两边都长着茂盛的紫苏；还有吃纯素的女生，素到连炒菜的锅和勺都不能沾一点荤油……

面对这些人，我在惊叹的同时，心里想：“好好好，看来是来对地方了！”物以类聚，我很快发现这里是我的天堂。

我在农场听说了我过去从没听说过的书籍和事物：《黄帝内经》《心经》、堆肥、自然农法……对此，我大为惊讶——原来这世上还有这些东西。

当年鲁迅先生18岁考入南京江南水师学堂，也被新鲜学科深深触动了一回，他在《呐喊》自序中写道：“在这学堂里，我才知道世上还有所谓格致，算学，地理，历史，绘图和体操。”

历史和我们开了个有趣的玩笑：100多年前，人们为不知道现代学科而懊恼；100多年后，人们为丢失了传统智慧而懊恼。

我像刚走出牢房的囚徒，来多少辆大卡车都装不下我每天的快乐。那段日子里，天永远是蓝的，草永远是绿的；虽说工资很低，我却不愁吃穿；没有学业压力，也没有升职压力，我所做的就是每天找自己感兴趣的事物来体验。如果世界上存在桃花源，那“小毛驴”必须算。

常规农场一般以生产和销售为最大目标或唯一目标，但是

“小毛驴”总干些“不务正业”的事：三天两头有专家、学者来做讲座，还组织大家去周边农场考察学习，有时候还有公益组织、民间手艺人等来交流访问。此外，农场里的员工不像员工，没有人谈论绩效、晋升，大家谈的大多是社会理想、新的思潮，或是怎样生活、生产才能更环保。你若是问农场中的一个青年：“你以后打算做什么？”对方多半会回答：“想回家自己开个农场。”

“小毛驴”是政府和高校共建的产学研基地，也就是说，它除了承担生产任务，还有学习和研究的功能。正是后两个功能的存在，使“小毛驴”成为很多年轻人的精神摇篮。除了采用不施农药、化肥的生态种植方式，农场还推动适用技术研发、儿童自然教育、可持续生活倡导等多方面的公益项目。当时，这个农场汇集了天南海北的可持续生活爱好者，其中包括一些从海外来中国学习的学生。

这个农场的学术领袖和精神领袖，正是当时担任中国人民大学农业与农村发展学院院长的温铁军教授。我来农场之前了解到，石嫣是温教授的博士生。除了石嫣博士，当时参与农场创建的还有黄志友老师、潘家恩老师、严晓辉老师、袁清华老师等骨干。其中黄志友老师（就是反对网购的那位）是我的顶头上司，他对待工作的严谨、耐心、细致让我终生难忘。

到农场后，我的生活发生了一系列巨变。过去我只会“动脑”，现在我开始学习“动手”，学习课本以外的知识。在“小毛驴”，我体验了无数个“第一次”：第一次集体除草、第一次种菜、第一次做馒头、第一次做醪糟、第一次养狗、第一次养猫、第一次见到一头活的毛驴、第一次吃地里现摘的小番茄、第一次穿别人送的旧衣、第一次住北京四合院……这些事把我那死气沉沉的灵魂从湿冷的水中打捞上来，让我不再反复啃噬自己的抑郁和苍凉。原来，世界上还存在着这么一个有趣的乐园，我在心里感叹道。

日子每天都是新鲜的。在那段日子里，我不断接触新的人物、新的观念，也做着新的生活实验。我做的比较大的尝试是极简生活，将生活必需品减至最少——我停用了手机、洗发水、沐浴露、洗面奶、护肤霜，停止食物以外的消费。当我停用洗发水、沐浴露的时候，我突然感受到巨大的冲击。我是看广告长大的一代，广告悄无声息地改变了我的意识，让我认为这些日用品是毫无理由就该买的。问题的关键倒不是我为此花了多少钱，而是我失去了思辨的能力：在这些物品被发明之前，人们是如何生活的？这是非买不可的吗？不买的话可以用什么东西来代替？

如果我们不再思辨，我们将被广告牵着鼻子走，就如老牛被农人牵着鼻子走。从那时起，我对广告和消费行为多了一份警觉，就像野生动物听到异响，会先判断到底是危险还是安全。

这份警觉给我带来了很大的自由，让我对物质有种了然和解脱——我只买需要的、合适的物品，而不去刻意追求昂贵和时髦。所谓“愈少愈自由”，这大概是广大返乡青年都知道的“幸福秘密”。

如果说“不该买就别买”是我在“小毛驴”里学到的重要一课，那么“该买的可以自己做”又是我学到的另一课。在我的成长历程中，似乎所有东西都只能通过“购买”得到，这成了不可违背的公式。我在农场看到的却是另一种景象——想要箱子可以用木头做一个；想要装饰品可以用线绣一个；更不用说在农耕方面不时需要做酵素、做堆肥、修理工具、建造动物房舍……而剪头发，则可以互相帮助。有个男生头发长了，就近让另一个男生当“理发师”，自己搬个凳子坐好，还像模像样地围了一块布来挡碎发。还没开始剪，四周已经围了一圈“观众”。大家嘻嘻哈哈地边聊边剪，仿佛在庆祝什么节日。

受这种氛围的驱使，我那双原本只会做题、考试的双手也蠢蠢欲动。馒头可以做，菜苗可以种，衣服可以缝……我像发现了一块新的广阔疆域，百无聊赖的大脑开始活跃起来，由此创造的快感把“空心病”挤到灵魂的角落里。如果你也抑郁、长吁短叹、以泪洗面，那么你要做的第一件事就是让双手动起来，让身体动起来。

不过，农场之行没有让我的“空心病”痊愈，它仅仅是制造了一个欢乐的开局。一年之后，新鲜劲过去了，我又回到了我熟悉的天地：一间办公室、一台计算机。当其他青年像一年前的我一样在农场的菜地、鸡圈、猪舍里来回张望时，我则坐在屏幕前看文件、编辑简报、维护网站和微博。

一天天过去，肩颈的疼痛、情绪的低落又开始向我袭来，眼看有回到过去的趋势：抑郁、沉沦、无所寄托。就在这期间，男友 Z（我后来的丈夫）接到一个电话：“你能不能来重庆做免耕覆盖？”

打电话的是重庆的一位从事生态农业和公益的老师，我们相识于一次生态农业大会。我和 Z 都非常喜欢她的演讲，认同她提倡的重视身心健康、重建生存伦理的观点。因为她，我们和重庆结缘，两个漂泊的青年意外在重庆扎了根。

Z 是个博物爱好者，他像一个披着黑披风的侠客，轻轻一掀衣袍，把我卷进了一个陌生而神秘的世界。他知道我不知道的知识，他会做我不会做的事：他会养蟋蟀，他知道怎么训练小狗，他认识长在路边的野花野草，他知道怎么照顾小猫、小鸡。我们在一起 13 年了，他仍像一张来自远古的羊皮卷，上面写满了我尚未破译的密文。

Z对我说，我们去重庆吧。我说，好啊。Z来“小毛驴”本来就是为了学习怎么开农场，他打算一边做免耕覆盖项目，一边看看有没有机会实现农场梦。而我，则满怀着对“另一种生活”的期望。

在“小毛驴”的一年多里，我了解到了各种各样的经营方式和生活方式，也见到了很多以农业或周边产业为生的“高人”，比如经营生态农场的农人，做手工果酱、做手工米酒、做手工皂和手工洗发水的手艺人，做自然教育、华德福教育[①]、乡土教育的教育者，做乡土文化保护和推动城乡融合的公益人，从事中医或传统文化推广的老师，以及崇尚极低消费、极其节约的简朴主义者……

这些涌到我眼前的人和事让我产生了一种错觉：乡土生活不但非常“美好”，还非常“容易”。每当我为乡村大唱赞歌，并表达“以后想去农村践行半农半×”的愿望时，我的上司黄老师的脸上就会浮现一丝神秘的微笑，他总说：“罗逸对农村有着一种浪

① 华德福教育是奥地利社会哲学家鲁道夫·史代纳根据自创的人智学理论创建的。简单地说，它是一种以人为本，注重身体和心灵整体健康和谐发展的全人教育，该体系主张按照人的意识发展规律，针对意识的成长阶段来设置教学内容。

漫的想象。”当时我还不明白这句话是什么意思，直到我真的去了农村。

“半农半 ×”这个概念也是我在“小毛驴”学到的，它出自盐见直纪的书《半农半 × 的生活》，意思是一边耕种，获取安全的食物，一边从事能够发挥天赋特长的工作，建立个人与社会的连接。到农场的第一天，我就赶上了石嫣的讲座，讲座内容是“世界各地的 CSA”。石嫣介绍，世界各地经营农场的人，未必是全职农民；有人一边做大学教授，一边经营农场；还有人半年经营农场，半年出去旅游，这就叫“半农半 ×”。我一听，这样的生活好过瘾！从那时起直到现在，“半农半 ×”都是我向往的一种生活形态。

前往重庆前，我在心里一遍一遍地描绘着未来的图景：在村子里有一栋小房子，有一片小菜地，种点蔬菜、粮食，留下自己吃的，把剩余的换成钱；业余时间搞点自己的小爱好，比如画画、做手工……以上就是我关于“半农半 ×”的如意算盘。城市近郊的农场生活我已经体验过了，但真正的乡村我还没有去过，在我的脑海中，那是一片笼罩着粉色烟雨的乐园。

就这样，我们带上了在农场养的一只猫和一只狗，以及很少的行李，从北京坐火车来到重庆。

2 第一次进村：乡村既是乐园，也是炼狱

我们住的村子位于重庆长寿区洪湖镇凤凰湾，离主城自驾需要一个半小时左右，坐长途大巴车则更久。大巴车只把我们送到山脚下，下了大巴车，我们还需要步行或坐摩托车上山。

上山以后，让人印象深刻的是那一片片层层叠叠的梯田，这又让我再次拥有初到“小毛驴”时那样的新鲜感。以前我只在电视里看过梯田。一般电视中出现的梯田画面，要么是从高空取景，蜿蜒的线条让人想起画家笔下的油画；要么是在水稻长到像厚毯一般时取景，让人只联想到“富饶”“丰收”这些美好的词。每当我看到这些画面，只当是遥远的、事不关己的一种异域美景。我万万没想到，有一天我会亲身来到这样的梯田，双手双脚浸泡在水里。而只有当你真正在梯田里翻过土、撒过肥、插过秧，梯田在你心里才会从虚幻的画面转变为真正的生活。

很久很久以前，饥饿像悬在头上的利剑，随时可能夺走人们的生命。种粮，必须想尽一切办法种粮！然而人们放眼望去，山地崎岖不平，杂木丛生，根本找不到一块像样的平地来耕种。不知是谁最先想到把田修成像台阶一样一级一级的，这样既贴合山的走势，又有了一块块平坦的稻田。可人在大山面前只是微小的尘埃，犹如蚂蚁想征服一棵大树。为了生存，为了打败“饥饿”这头猛兽，先民们一铁锹一铁锹地开始在大山上“雕刻”，这才有了今天的梯田。梯田在我心中的形象越来越完整，它的美是多重的：第一重美，是它曲线蜿蜒的外观之美；第二重美，是先民绷紧全身肌肉、任由汗水打湿脚下的泥土，一铲铲挖地、一筐筐运土的力量之美；第三重美，是无论遇到什么恶劣环境，先民都想办法活下去的坚韧之美。“美”不再是那种拍照打卡式的轻浮，而是一种敬畏。

到村里之后，我和Z双双投入了农耕中。Z的工作主要是进行免耕覆盖实验和记录，这个项目是发工资的，工资虽然不多但在乡下勉强够用。

我则是去种植自己家需要吃的蔬菜和粮食，并想象着耕种之余自己在乡村小屋画画、做手工的样子……现在回想起来，我的想法只能用三个字概括：想得美！

很快，现实告诉了我答案：我的劳动根本无法换来预想的收入，投入产出严重失衡。对于农耕，我只有在“小毛驴”时积累的零星体验。要把这仅仅一年的体验转换成职业收入，现在看来是天方夜谭，犹如让一个只在工地观摩了一个月的小工去独立建造一栋摩天大楼。

“小毛驴”是一个面向市民的服务性机构，它努力将农业的参与难度降到最低：到了什么季节就为市民准备好什么菜苗；肥料也是堆在农场一角，市民很容易用小车去拉；每个地块都有水龙头，市民只需要拧开就能给心爱的菜苗浇水。

可到了重庆我就傻了眼：首先，没有人会专门提醒你什么时候该种什么，你要种的东西只能自己规划好；其次，肥料没有现成的，你得自己想办法；再次，在真正的农村，地边上根本没有水龙头，要想浇水，你就得自己从远处担水进去；最后，我们在山上无法租到连在一起的地块，所以茄子种在 A 地，花生种在 B 地，水稻种在 C 地，而且这些地块并不属于同一个农户，所以光是把这些地找到并租下来，也费了一番口舌。

我的脑子一团乱麻。哪怕是当地人教我什么时候种什么、如何除草、如何管理，我也听得一知半解。这时候，我完全理解了班上的后进生平时是种什么心情——怎么听都听不懂，怎么学也学不会。

除了生产，生活也是巨大的考验。首先要找房子，村里能租的房子有两种：一种是年代久远的泥土房子，低矮阴暗，里面什么都没有；另一种是近几年造的水泥房子，一般是两层楼，里面同样什么都没有，也就是我们通常所说的“毛坯房”。两种房子都不理想，非要选的话，我们选了后者。既然选了毛坯房，我们只得自己通水、通电、买家具、修卫生间。对了，“小毛驴”有专门的食堂，就算我们要参与做饭，也只是偶尔轮值。而在乡下，一年 365 天，一天三顿饭，顿顿都得自己做，时间上也是个不小的投入。我们也没钱买冰箱，所以食谱中几乎没有肉类。房子里没有卫生间，我们只能把一层的一个房间改作卫生间，自己用水泥垒了个洗澡台，装了花洒。因为没钱，所以墙壁上没刷漆，也没贴瓷砖，整栋房子保持水泥本色。那段时间，只能用“一贫如洗”来形容我们家。

我完全被卷入了“生产 + 生活”的旋涡，体会到了每天疲于奔命却毫无收效是什么感觉。我们到村里是 2012 年的冬天，很快，春天来了，农人们开始了新一年的忙碌。春天是充满希望的季节，但我却感到疲惫和绝望，因为此时的我还是个对农事知之甚少的新手。我感到了大考来临前的紧张，是那种一门科目还没复习好、考试却马上就要开始的紧张。春耕之中，最繁重的要数种稻。我自然是第一次种稻，从头到尾都要小心翼翼地请教当地人："下一步做什么？""是这样做吗？"

"先育苗！"一位老农告诉我。

"在哪里育苗？"我茫然地问。

老农只好到我的地里转了一圈，"这块合适。"他指着一块地说。

"然后呢？"

"然后把草全部除掉，特别是革命草，那东西长起来凶得很！"

"哪个是革命草？"

老农见我什么都不知道，便一锄头下去，挖出一棵革命草说："要连同根一块清理干净，不然马上就会长起来。注意挖出来的革命草不能甩在地里，不然又会长起来！"

革命草的学名叫喜旱莲子草，是种外来入侵植物，它根系发达，而且可以迅速自我复制。我在挖地除草的过程中见到，土壤中哪怕是 1 毫米的革命草碎根，都能重新长成新的植株。这家伙要是不除干净，我的稻秧就遭殃了！

我开始了一场与革命草的艰苦战斗。光是用锄头，铲不尽革命草，我不时蹲下来用手把根挖出来，蹲累了就坐在地上挖。一两天后，我觉得差不多了。虽然我知道我脚下的土壤里还到处潜藏着碎根，但我也对稻秧抱有信心：你们一定要在革命草长起来之前快快出土啊！

一个大娘从我的地边走过，我赶紧抓住她问：“孃孃[①]，你看我现在可以撒谷子了吗？”

孃孃瞟了一眼我的地，说：“不行，要先把地锄平整。”

“怎样才算锄平整？”

孃孃拿着锄头亲自示范：“要把大的土块全部弄细碎，弄均匀，这样秧子才长得均匀。”

“啊？！”我满以为除过草了就算大功告成，结果还要平土。

“把土平好了就可以撒谷子了吗？”

“要先撒底肥。”

“底肥你们平时用什么肥？”

……

在育苗的那几天里，我觉得时间无比漫长，每完成一个步骤，我都以为全部结束了，结果当地人又会告诉我“你要这样干”。

我好不容易把种子撒下去了，接下来的日子还要不时地浇水。地边没有水龙头，当地人已经习惯了，无论男人女人都早早适应了两桶水压在肩头的重量，这还不是他们挑过的最重的东

① 四川方言，是对女性长辈的尊称。——编者注

西。我已经来不及练那挑水的技能，只好一桶一桶步履蹒跚地把水提到育苗地。

大地的中央，那个来回移动的小黑点，就是正在浇水的我。

这只是开始。

由于这里属于山区，没有什么合适的运输工具可以适应高低陡峭的山路，很多事都是靠人力。

2013 年，由工厂流水线、繁忙的航空运输和快捷的互联网交织成的“地球村”正高速运转着；国内的电商和物流在如火如荼地发展，一种新商业形态正在改变人们的消费习惯；即时聊天工具、短视频网站刚刚萌芽，几年后提供这些产品的互联网巨头颠覆了人们的通信、支付、娱乐等生活的方方面面。一些人乘着时代的浪潮鱼跃龙门，而我和 Z，却在一个偏远的山间村庄里，拿着极少的收入，进行着近乎原始的体力劳动。

我时不时地到地边看谷子有没有长出来。那天，我清楚地看到黑褐色的苗床上长出了两片绿色的小叶子。我赶紧喊来不远处的一位大娘：“孃孃，你看这是不是水稻？”

孃孃扑哧一声笑了出来：“这是杂草！”

我心头生出一丝慌乱。如果各种各样的杂草挤占了稻秧的生长空间怎么办？如果谷子是坏的，出不了芽怎么办？如果出芽晚了怎么办？别人地里的稻秧可都已经长起来了啊！

我突然意识到，做农人，首先要对大自然有足够的信任，你要相信春天的播种会带来秋天的收获；你要相信今年的雨水不多不少，阳光也照得正正好。

而我这样一个韭麦不分的都市人尚未融入这样的村庄，尚未适应这样的信念。我觉得疲惫而烦躁，耕种这件事显然远远超出了我的控制范围，我完全失去了生活的主动权。

育苗的同时要准备好水田。过了一冬的田又干又硬，要把它耕得柔软，要给它撒上底肥，要给它注入一汪清水，直到它变得像母亲的子宫那样适合孕育生命，才能插秧。然而每件事对我来说都显得陌生而失控。谁来耕田？人耕还是机器耕？水又从哪里进，从哪里出？

我从未感到这样无力和挫败。这种挫败就像普通学生考入了重点班，发现每个同学都比自己优秀和聪明。我也正面临这样的处境：周围全是比我更懂耕种、力气更大、更能吃苦的人。我从未感到这样无力。过去我是名编辑，只要端坐在屏幕前，我就能把要写的文章写完，把要处理的文件处理完；而现在，我在每件事情上都要依赖别人、请教别人；更糟糕的是，哪怕我付出了，我都不知道会不会得到相应的结果。这仿佛是在蒙着眼睛跑步，你不知道自己到底是离目的地更近了还是更远了。

在 Z 和几个朋友们的共同努力下，我们家的一亩[①]半水田终于都插上了绿油油的秧苗。在插秧结束的那一刻，我并没有感到一丝的宽慰和轻松，反而心头涌起一股无名怒火。再环顾四周，我正坐在破破烂烂的所谓“乡村小屋”里，四面是冰冷的水泥墙壁；房间里空空如也，只有老旧的床和房东遗留在这里的一两个旧箱子，这些木制的陈年家具使房间里总弥漫着一股腐木的味道；一幅窗帘不土不洋地耷拉在窗边，那是城里的朋友送的；昏暗的屋子仿佛总是蒙着一层灰，永远扫不干净。

我生在浙江台州，那里早早地开始发展工业和商业。同学们毕业后，如果不去北上广（北京、上海、广州）等更大的城市，那就留在浙江本地。像我这样千里迢迢跑到离家这么远的西部，还是去农村，简直前所未闻。在亲友们看来，我肯定是“脑子进了水”。我家乡的女同学们，此时或许正带着精致的妆容，身穿时髦的裙衫，脚踩高跟鞋，坐在环境优雅的咖啡厅里望向窗外的绿植。而我，皮肤黝黑，双手粗糙，身穿朋友送的旧衣服，脚上的旧鞋子沾满泥巴，口袋里没有钱。

我如大梦初醒：我来这里做什么？想好的“半农半 ×”在哪里？过去大半年我要么在收拾整理破烂的屋子，要么在地里劳动，哪有精力从事什么“×”？

---

① 1 亩约等于 666.67 平方米。

显然，25 岁的我还未想清楚在接下来的人生中该做点什么，但有一件事是确定的：我要离开这里，马上！

我头也不回地走了，就像急于甩掉一个烂疮疤；我再也没有过问水稻和蔬菜的事，正如分手的人再也不想听到前任的任何消息。

我与乡土的缘分到此戛然而止。

现在想来，我和 Z 实在是太冲动、太大胆了。我们没有任何优势：首先，别人返乡是返回自己的家乡，不管干什么好歹有亲朋好友帮衬，我们则是远走异乡，人生地不熟，到重庆时只认识一个人；其次，我没有任何农耕经验，却天真地认为自己可以靠种地维持收入；再次，返乡的方式很多种，可经营的项目有很多种，不一定非要直接从事农业；最后，我在没有分析自己擅长什么、喜欢什么的情况下就贸然行动。

不过这只是后话。

只有跳下水，才有机会到对岸。虽说受穷了、受苦了，但如果没有这场乡村冒险，我的生命不会成长到下一个阶段。《岛上书店》里写道：“每个人的生命中，都有最艰难的一年，将人生变得美好而辽阔。”

现在的我欣然接受了那时命运降临在我身上的艰难。倘若我精明地设计好自己的每一步，比如像在“小毛驴”时那样去什么单位做编辑，我就不会有机会如此深刻地了解劳动。如果不劳动，我将永远“空心”下去。

认识痛苦，是“空心人”的重要一课，是让自己的生命扎根在大地上的开始。痛苦是人生的伟大导师，没有痛苦的指引，你就很难发现幸福的真谛。如今很多人衣食无忧却迷茫苍白，正是因为缺少了巨石般的重压。他们犹如温水煮蛙——既不太痛苦，也不太幸福。米兰·昆德拉在《不能承受的生命之轻》中精辟解读了“沉重”对于生命的意义：“最沉重的负担同时也成了最强盛的生命力的影像。负担越重，我们的生命越贴近大地，它就越真切实在。相反，当负担完全缺失，人就会变得比空气还轻，就会飘起来，就会远离大地和地上的生命，人也就只是一个半真的存在，其运动也会变得自由而没有意义。”

当生命有了重量时，我对人的悲、欢、离、合就有了更多的体会，我才真正爱上阅读。上学的时候，什么文学、艺术、历史，对我来说是一堆堆惨白的文字，我根本看不懂上面说的是什么，只知道它们是引发我抑郁、扼住我咽喉的魔鬼。高考最后一门考试的结束铃声响起时，我知道我再也不会拿起书了。上大学后，我在教室之外游荡了四年，要数我们系逃课最多的学生，我肯定能排到前三。

谁能想到，村居劳动的经历又使我变成了一个满怀热忱的学生，我因为自己突然能读懂书上的内容而惊喜万分。没有考试和打分，只为好奇而读，只为乐趣而读，这是我在乡村之行中偶遇的一块珍宝。如果没有村庄生活和负重劳作的经历，我不可能走上阅读和写作的道路，也就没有今天的我。

3 第二次进村：回到“格子间”，再次迷失

离开重庆的村庄之后，我开始了漫长的游荡。我依然需要面对那个困扰我的老问题：我喜欢做什么，我这辈子为何而来？北京的“小毛驴”、重庆的村庄，它们就像棒棒糖一样给我带来短暂的甜蜜和刺激；等糖吃完，我又不得不回到现实。

在城市的短短几年里，我尝试了几种完全不同的职业：阅读馆老师、企业白领、烘焙店店主、自然教育策划。我试图从我的工作经历中总结出一点经验，试图在这个世界中找到一种活着的意义，但只得到一片空白。不同的人有不同的旅程，“空心人”的旅程就算不是最惨烈、最悲壮的，也是最盲目、最无头绪的。与别人带着地图、带着心中的目的地登山不同，“空心人”在山中毫无目的地上上下下，根本不知道自己要去哪里。

如果说有什么东西一直在引领我走出困境，那就是乡土和自

然，这是我人生中的两把金钥匙。乡土，意味着动手劳作、尊重节气、人与人紧密连接；自然，意味着你要永远保持敬畏和好奇，大自然里有太多我们还不知道的秘密。

作为一个长在城市，甚至“长在校园和教室”里的孩子，我曾经过的是一种消耗脑力、四体不勤的生活。乡土和自然生活，却要求人们拥有灵活的身体、敏锐的感官、精准的直觉。我一次次在原始粗糙、远离现代文明的环境中学习和摸索，才结束了漫长的“空心”状态，仿佛孙悟空经过五百年，终于摆脱了压在身上的五指山。

第一次乡村之行结束后，我以为自己从此将做回城里人，不会再与乡村有什么交集。但没想到第二次乡村之行很快来了，更想不到的是，不仅有第二次还有第三次，我的人生就这样和乡村捆绑在一起。

2015 年，我在一家自然教育公司担任文案策划。该公司的使命是带孩子们接触大自然、认识动植物，但讽刺的是，我成了公司里离大自然最远的一个人。做文案策划是种纯粹的脑力劳动，我每天坐在屏幕前编啊、写啊，手头永远有做不完的工作。一时间，我感到自己具备了一个新物种的特征：以外卖为食，以操作键盘为主要活动，身体长久保持坐姿不动。早在“小毛驴”时期，我就遇到了这样的工作困境，这一次，除了身体不适，我的情绪也异常狂躁。每天早上看到闪烁屏幕的一刹那，我就有说不出的怒火，感觉全世界都欠我的。我看什么都觉得不顺眼，尤其是窗户，只要看到它，我就感到透不过气，仿佛身处牢房，不可逃脱。我在心里一遍一遍地嘶喊：“放我出去！放我出去！”

有一天，我的脑海中浮现了一个画面：清晨，雾气尚未散开，空气是湿润的；我从一座乡间小屋里走出来，门前的小路通向无尽的山野，地上还有点湿；路两旁是青绿色的山野植物，上面挂着晶莹的露珠；我沿着小路散步，贪婪地呼吸那带着泥土和青草味的空气。

清晨、绿色、气味，这几个元素强势地占据了我的大脑，就像看剧时插播的广告一样，每天无数次循环播放。我不断幻想当我工作累了的时候，我随心所欲地走出房门，走到乡间小路上，只要看看远山、闻闻泥土和植物的味道，我的疲倦就烟消云散。

对，我要住到乡下去！

“我打算去乡下找个房子。”我用不带任何商量的语气向Z宣告。

“你别想一出是一出！当初可是你先从长寿走的。”Z带着一脸的不耐烦说。

“当初是当初，现在有了新的情况、新的需求，我不管，我必须住到乡下。”我坚持道。

Z 说：“你跟着一些周末活动出去走走不就好了，又接触自然，又锻炼身体。”

“不行，”我说，“我不喜欢人多的地方，那里家长、孩子太多了！”

谈话没有什么结果，我决定自己先去找了房子再说。工作的狂躁转化成了找房子的动力，我像饥肠辘辘的狼扑向鲜肉一样扑向乡村。我从城市近处找到远处，因为平时极少出门，对重庆一点也不熟悉，所以我就到处乱找。这时，我想起我们有个宠物训练师朋友最近刚把宠物学校搬到乡下，说不定在那个村子里可以找到房子，我们还能一起做邻居。

就这样我来到了重庆巴南区百胜村，这一年是 2018 年。对比了好几家房子后，我一眼看中了一栋带独立小院子、院子旁有个池塘的房子。Z 本来对我租房子抱着冷眼旁观的态度，但在他真正来到村里，看到池塘和院子后，他又心动了，满脑子都是各种计划：城市里养不了、种不了的动植物在这里可以尽情尝试种养。不足之处是这房子又是近乎毛坯房的烂房子，免不了又得花费一笔钱去修补；而且为了省钱，很多事情要自己来：自己刷墙漆，自己清洁厨房油污，自己把很重的家具抬进去，自己清理一院子的杂草……那段时间我们频繁在城和乡之间往返，用尽了业余时间。我们甚至给这栋乡村房子铺上了木地板。因为碰巧朋友咖啡馆不开了，我们把咖啡馆的木地板拆下来安到了乡下的房子里。

我经常对Z念叨："我们城里的房子都没木地板，没想到乡下的房子倒是有了。"对于入住，我满心期待。一切准备就绪，我和Z商量着入住的具体日期。

就在这时，发生了一件意料之外的事：我发现自己怀孕了。考虑到墙漆是新刷的，不适合孕妇接触，我们就没有马上住进乡下的房子里。房子修好是在12月，次年1—2月我去外地出差，回来后开始做开春的安排，再后来新的项目又开始了；生孩子的前一天我还对着屏幕忙工作，女儿出生后，我更是忙得吃不上一口热饭。孩子的到来透支了我的时间和精力。别说是去乡下打理小花园了，哪怕是我一个人坐着歇5分钟都已很奢侈。我感到那栋乡村小屋离我越来越远，就像一艘在大海中漂泊的小船即将靠近一座丰饶的小岛，眼看离它越来越近，可突然刮起一阵狂风又把船吹远了。

最后，我只得退租，我们辛辛苦苦修整的房子竟一晚都没住过！

近一年的租金白交了，装修的钱白花了，付出的心血也白费了：我们把平时舍不得用的实木家具搬去了乡下，货车拉家具时赶上下雨，Z还冒雨卸货搬运；我们带着家里的吸尘器去房子里打扫；我甚至买好了新的拖鞋放在了屋里……多年以后想起这些事，仍觉遗憾。

房东倒是捡了个便宜，租给我们的是破破烂烂的毛坯房，收回来的是墙壁粉刷一新、家具齐全的度假小屋……

就这样，我的第二次乡村之行还没开始就结束了。

时至今日，我已经学会了接受生活中所有的变动——没有永远的低谷，也没有永远的高峰；人生就像基金的业绩走势，永远波动，永远起伏。

4 第三次进村：与“空心病”告别

第一次去乡村，是因为“空心”和虚无；第二次去乡村，是因为抑郁和狂躁。乡村像悬崖下的一张防护网，当我坠落的时候，它会接住我，给我提供精神补给，好让我有力气继续过完人生。

两年之后，我第三次进村的机会突然降临，这一次完全是Z的主意。那时，我一边工作一边带娃，忙得不可开交，疲于应付眼前事务，根本无心做任何未来规划；可Z却向家里人宣布——我们搬到山上吧。我对这个计划毫无反应，只含含糊糊地说了声“哦”——只要不是搬到火山口，到哪里都差不多，我只求先把娃养大。

这次去的地方是一个离市区只有十几分钟车程的景区，它保留了乡村该有的生机——春天听地里蛙声一片；夏天听虫子盛大的音乐会；清晨听鸟儿们叽叽喳喳讨论接下来一天的安排；还能听到鸡、鸭、鹅在同一个圈里你来我往地交谈。

一开始，我并没有从这样的“世外桃源”中得到半点慰藉，因为生活琐事已经把我卷入了一个怎么也挣脱不出来的旋涡。那时我从事文案策划已经十个年头，我感到无比厌倦，仿佛每天被人逼着吃石头。我迫切需要找到一片新的文字疆土，可生活偏偏不允许我这样做。女儿那时两岁多，还未上幼儿园，吃喝拉撒睡都离不开我；若是她有什么事哭了，又会引来她爸爸的“指手画脚”，亲子间的不快立马升级为夫妻间的战争。“你应该对孩子及时回应。”Z 黑着脸说。他不说话还好，一说话就触发了我长久以来积压的愤懑。“她哭不是因为我没对她及时回应。”我冷冷地回答，像一丈寒冰向对方刺去。“跟你说什么你都不听……”Z 开始咆哮，他的脸像一挺开火的机关枪。

我开始感到我的人生中全是错误：我不应该和这个人结婚，不应该生孩子……但是现在我该怎么办呢？进无可进，退无可退。我长了厚厚的舌苔，恶心、吃不下饭，走路无力。两岁多的女儿还时常要求我抱着她走，我哪有精力抱她！可一旦我回绝，又会引发她对我没完没了的纠缠。孩子像一根野生的藤蔓把我越缠越紧。

我感到失去了自我，恐惧和绝望像毒草一样，纠缠着我的身体和精神。我像身陷泥淖的野马，多么想奔跑在无垠的草原上，可现实却让我动弹不得。我陷入了前所未有的抑郁。

转机的到来，正与我们的山居生活有关。山上，有耕地、种花的农人，也有打扮时尚的城里人；有品位不俗的民宿经营者，也有打坐品茶的修行者；有酒吧店主、艺术家，也有戴着黑头盔、穿着皮夹克的摩托车玩家……这里的多元和神秘是我上山前未曾预料到的。正是在这里，我遇到了一些推崇华德福教育的老师和家长。我在北京“小毛驴”的时候就听说了华德福教育，但没有奢望过让自己女儿接受这种教育。住在山下的时候，我本打算让女儿上小区附近的幼儿园，万万没想到上山后能遇到这样的家长和老师。这是我在那段时间获得的为数不多的惊喜之一。老师们用爱和耐心接纳了我的女儿和我。虽然我知道女儿和我身上都有这样那样的问题，但老师们像山上的大树、花朵一样，不评判、不焦虑。她们慢条斯理地照顾好每个孩子，并跟随自然的脚步，到什么时间就准备什么节庆。她们的言行举止传达出这样一种感觉：你很好，每个人都很好。虽然我依旧抑郁、抱怨、悲伤，但我感到这些巨大的情绪冰块正在阳光下逐渐消融。

随着女儿顺利入园，属于我自己的时间开始多了起来。那年夏末，重庆的天气和“她”的火锅一样热辣滚烫，山上也不例外。女儿去幼儿园的时候，我就抓紧阅读，规划我的新作品。在书本之间奋斗了一整天后，我走出家门，忽然看到门口菜地里栽上了新的莴笋苗。因为刚刚移栽，莴笋叶子还不是那么挺，但颜色是嫩绿的，像小娃娃娇嫩的笑脸。我突然心中一动，在那一瞬间我完全忘掉了工作、育儿带来的焦虑，只感觉到一片宁静和美好。这是房东种的菜。当我在室内没日没夜地赶工时，这对老夫妇在炎炎烈日下种好了下一季的菜苗。对于山上的村民来说，这不过是年复一年再平常不过的耕种日常；但对我来说，这仿佛是他们专门送给我的礼物，让我充满欢喜。

从那一天起，各种各样的“礼物”接踵而来，它们是植物经历大旱后萌发的新芽，是初春开的满树花朵，是蝴蝶的翩翩翻飞，是蟋蟀和蝈蝈的合奏，是雨后汩汩流动的山泉……我的世界逐渐从黑白变成了彩色。每当我感受到这些动物、植物在恣意生长时，我的心里都会绽放出幸福的花朵。

山野生活也给我的女儿准备了礼物。偌大的空间，她随便走、随便玩，高高低低的土坡是她的游乐场，泥土和沙子是她的玩具，虫子、鸟儿、猫狗是她的伙伴。她在 4 岁以后，哭闹逐渐减少，取而代之的是她的歌声、她自创的小故事、她天马行空的手工。很多朋友对她的自在印象深刻：她有时躺在地上唱歌，有时在空地上跳舞。

我才意识到她是一个那么神气的小精灵，她带来了我不曾了解的生命信息：虽然过去我时刻都在她身边，但我没有足够认真地欣赏她肉嘟嘟的脸蛋、她不够灵活却努力学习的小手、她嘴里蹦出的创造性词汇。我为过去因抑郁和悲伤而错过了她的成长瞬间而感到遗憾。

我们家门前屋后都有大树，抬头不见低头见，我一开始不觉得它们有什么特别之处，但环境真的可以潜移默化地启发一个人。我就这么一天天地在大树环绕之下生活，有一天，我突然想到，大树从来无须用工作、身份来证明自己的价值。雨水来了就吸收雨水，太阳来了就享受阳光，它们每天不慌不忙、安静淡然。即使有一天它们要离开这个世界，它们掉在地上的种子也会长成小树，小树又会长成大树，就是现在这样。存在，就是一种价值。

我们总是不停地问，结婚有什么意义，养孩子有什么意义；为何不像树一样，什么都不问，该开花的时候开花，该结果的时候结果？我们不停地“鸡娃”，试图让孩子也活出某种意义来，为何不像树一样，任种子掉在泥土里，让种子自己去和风霜雨露做朋友？

我不能安心地带孩子，是因为我的大脑告诉我，做好一份工作比养好一个孩子更有价值。如果我没有一份拿得出手的成绩，没有一种被社会承认的身份，我将“沦落”成一个没有价值的人，我将迅速被遗弃。然而，大自然告诉我，这些观点只是我们在这个时代里形成的偏见而已。有人说：“社会对成功的定义和对身份地位的追求，是对自我思考的剥夺和对个人属性的摒弃。”

我知道我该做什么了：尽力摆脱世俗观点对人的左右，拾回身体里的本能。对孩子的母爱，是一种本能；尽情地游戏，是一种本能；寻找和品尝大自然里的食物，是一种本能；和邻里愉快地交谈和互助，是一种本能。本能所显示的智慧并不亚于哲人苦思冥想出来的哲理，但由于过度迷恋知识、技能、财富，我们把本能丢失了。

这座山像一个慈爱的老妇人，把我日日揽在怀中，我的感官逐渐苏醒。

有一次我站在营地的鱼塘边，尽管我天天都在这里生活，但我突然意识到鱼塘是个三面被高高的山林包围的凹地。我像有什么地理大发现一样，对 Z 说：“我知道这里为什么有鱼塘了，因为水从高的地方往下流，积在低的地方就成了塘。”Z 白了我一眼说：“你说的都是正确的废话。”

也许读到这里，你可以进一步了解到什么叫“空心人”。“空心人”的感官是封闭的、迟钝的。他们也许在地理课上学过全球的季风、陆地、海洋、河流，但唯独没有真实的环境感受。我至今不能忘记高中学习“等高线”这个知识点时我产生的巨大障碍。无论老师怎么解释，我如听天书。要知道我从小只活动在校园、小区、街道交织成的城市网络里，只在小学的零星春秋游中去过城市以外的地方；上初中和高中后，外出活动次数几乎为零。什么叫山脊？什么叫山谷？为什么等高线的弯曲部分向低处凸为山脊、向高处凸为山谷？我无从理解。同样的学习困难也出现在古诗词、历史事件、政治理论、数学函数、物理公式、化学现象上……我真正沦为了一台应试机器，只有机器才无须“理解”，只需“记忆”。但我或许连机器都不如，因为一旦被输入程序，机器就不会遗忘。我成了徒劳地推着巨石的西西弗斯，一遍遍地背诵，又一遍遍地忘记，再一遍遍地背诵……直至高考结束。

很多年后的今天，我行走在重庆一座又一座大山中，才猛然理解“等高线”这个高中知识点。

为什么总往乡下跑？因为只有乡野能让我完成知识的重塑、生活的重塑、生命的重塑。每当我发现了新鲜事物时，我都会像小孩吃到棒棒糖一样感到甜蜜和惊喜。

日日住在山上，即便迟钝如我，也会发现一两件有意思的事。那是春天里普通的一天，我发现被砍得只剩树桩的树长出了新芽。我大为惊叹，我之前以为树被砍掉了就会死，可它竟然是活着的！这种“令人惊叹”的事还在持续发生。一日女儿放学回家，手里捏着不知从哪儿摘的大树叶，我觉得这么大的叶子扔了可惜，就随手把它插在花瓶里，没想到几天后，这叶子竟然“活了”——叶柄末端长出了白色的小根须。我以为树叶离开树枝就会死，可它竟然是活着的！我在猫、狗、鸟身上同样发现了各种“不可思议”的事。每当我把这些“大”发现告诉Z时，得到的总是他淡淡的回应：“这有什么，我小时候就知道了。”是的，这些事物很多人在童年时期就见怪不怪了，可30多岁的我却乐此不疲。

每个人的成长历程是不一样的，成长速度也是不一样的。这些年来，我能做的就是承认和接受自己的愚钝。在动植物方面，我是愚钝的，我像3岁小孩一样打量着田间地头的花花草草。在待人接物方面，我是愚钝的，活到30多岁，我才知道去别人家里做客要带点伴手礼、和长辈吃饭要等长辈先动筷子。在写作方面，我更是愚钝的。当年乱填专业，最后被新闻系录取，那里是文字的天堂。教授们在课堂上讲中国的杜甫、俄国的托尔斯泰；

讲古代的《左传》、现代的《呐喊》……然而，那时的我对汉语、文学毫无兴趣，坚定地认为这些课程的知识和我不会产生任何交集，学了也用不到，因此足足逃了四年课。我自然是做梦也想象不到多年以后我会以文字为业。我是到二十七八岁才突然感到写作是我这辈子必须做的事，文学底子极差的我只好从头开始学习。我努力地阅读中外小说，努力地学习唐诗宋词，努力地追溯古今历史。对于有些人来说，我看的东西不过是些“文学常识”，这些内容在他们小时候就早已了然于心……

你看出来了吗，这是多么奇怪的一件事：我从新闻系毕业，历经千辛万苦去农场、农村、荒野寻找我的人生意义、我的天命职业，到最后我又回到了旅途开始的地方——从事写作。

这让我想起了《牧羊少年奇幻之旅》里的故事。少年圣地亚哥是个牧羊人，他在撒冷王的鼓舞下，决定卖掉羊群，从西班牙穿越海峡抵达非洲，去金字塔下寻找梦境中的宝藏。这是一场冒险，万一梦是假的，万一撒冷王的话也是假的，他将一无所有。“恰恰是实现梦想的可能性，才使生活变得有趣”，圣地亚哥安慰自己。他就这么出发了，一路上他经历了语言不通、钱财被骗、被军队俘虏、被难民抢走金子的磨难。结局令人意外：圣地亚哥要找的宝藏其实就在他过去放羊时经常休息的无花果树下。圣地亚哥回到家乡，一边挖掘宝藏一边自言自语：“撒冷王啊，你既然什么都知道，怎么不一开始就告诉我？”

“如果我事先告诉你，你就看不到金字塔了。它们很壮美，不是吗？”他听到风对他说。

是啊，如果我一开始就知道我要写作，我就不会去农场和农村；但如果我没有去农场和农村，写作就无从谈起。正如平原由河流冲击而成，我的写作欲望是由乡土经历冲击而成的。

不过，我收获的“宝藏”远不止写作。让我感到生命充满美好的，是知觉的回归。人如果没有知觉，那将沦为行尸走肉。我每天为感知到万物的生长、光线的变化、人的善意而无比快乐。这种喜悦就像行走在沙漠里的人在身体中的水分快被蒸发完时看到了绿洲——他知道自己得救了。早在200年前，美国作家梭罗就感受到了同样的欣喜，他写道：

> 我本来只有耳朵，现在却有了听觉；
>
> 以前只有眼睛，现在却有了视觉；
>
> 我只活了若干年，而现在每一刹那都是生活；
>
> 以前只知道学问，现在却能辨别真理。

以前我似乎看不见也听不见，现在我的眼睛用来看天上的云朵、夜晚的星星，我的耳朵用来听雨点的滴落、溪水的吟唱。我和家人安静地住在山上的村子里，谢天谢地，暴食、抑郁、肥胖一一离我而去。

相比大多数人，我显得“后知后觉”和“晚熟”，我曾为此而感到遗憾，但如今，我欣然接受了命运的礼物。和牧羊少年圣地亚哥一样，我不是生下来就“拥有”了宝藏，而是要踏上旅程去“寻找”宝藏。旅程本身，即生命财富。

CHAPTER TWO / 第二章

去旷野，要有失败的勇气

1 玩中长大：

不上兴趣班，在鸟兽虫鱼中打发时光

（根据受访者意愿，下文的人名和地名皆采用化名）

我第一次见到赵阳的时候，他正举着相机，趴在农场办公室门口的台阶上拍虫子。我当时不知道他在干什么，也不知道他的名字，没多留意就从他身边走过去了。

没过多久，我和几个农场伙伴发现这个青年有点神秘，有时候能见到，有时候见不到。“小毛驴”的人对“怪人”的包容度极强，对“怪人”的好奇心也极强。

“你怎么有时候来，有时候不来？”一个伙伴问赵阳。

“我上午养虫子，下午来农场。”听到赵阳的回答，几个伙伴发出了“哦——”的惊叹声。

“你还养虫子呀，我们能去看看吗？”

“行啊！”

当天在农场的食堂吃完晚饭，我和几个伙伴没有直接回小院，而是去了赵阳的“蟋蟀作坊”。“小毛驴”的志愿者和员工住在村里的四合院，四合院是没暖气的，赵阳为了养虫子专门在附近租了一个有暖气的小区。

那是我第一次看到那么多蟋蟀。一万多只蟋蟀被整整齐齐地放在几个货架上，一排又一排。小蟋蟀住“集体宿舍”，成年后的大蟋蟀则住“单间”——那种带盖子的白色瓷罐，瓷罐底部铺着一层土，就是蟋蟀的家了。

“养蟋蟀卖给谁？”

“玩蟋蟀的人。”

“怎么玩呢？”

“你听说过斗蛐蛐吧？”

这不是赵阳第一次养殖。当他还是个孩子时，他把蚂蚁装在玻璃罐里，放到枕头边，津津有味地观察蚂蚁的一举一动，直到昏昏入睡。第二天醒来一看，玻璃罐倒了，幸好蚂蚁没爬得到处都是！那时候赵阳家供不起他上兴趣班，可这对赵阳来说是天大的好事——大把的空闲时间正好可以用来养蚂蚁。一到周末，赵阳就飞奔去山上挖蚂蚁，像被关在笼子里的动物回到了它野外的家园。这项饲养活动，赵阳从小学三年级一直坚持到了五年级。

赵阳的饲养图鉴里何止有蚂蚁，还有螳螂、老鼠等。上初中时，赵阳突然对蝎子感兴趣，他从花鸟市场买了十来只蝎子，怕父母阻止，偷偷摸摸养在床底下。上了高中，学业压力也没有挡住他对养动物的热情，他在屋顶养起了鸽子。这位少年仿佛得了魔戒的所罗门王，拥有了与动物对话的法力。他日日去看望鸽子、训练鸽子，直到一吹口哨，鸽群就在天空中出现，朝它们的主人飞来。

赵阳的出现让我第一次知道喜欢虫子、鸟儿、花草也算一种爱好，在此之前，我以为爱好就是唱歌、画画之类的事。

如今，绝大多数父母挖空心思培养孩子的爱好，而赵阳的父母，胜在“无为”——他们忙于生计，根本顾不上他。6 岁那年，他被送到乡下的外婆家寄养了一整年。其后他被父母接回身边，但每逢寒暑假，他又会被送去外婆家。在乡野之中，赵阳无拘无束、好不快活，他很快在河流、麦田、树林中找到了玩耍的乐趣。

小学一年级时，赵阳制造了一个“壮举”。在一个闲暇的周末，赵阳无意间瞥见了屋顶上积的黑土。这土松松软软的，拿来种花合适，他想。但是屋顶不好上去，而且土也少。突然，赵阳想起来他平时总去玩的林子里有这种土！他马上带着桶和铲子，朝林子奔去。把野外的腐殖土搬回来种花，这件事至今仍是赵阳引以为傲的谈资。

在那个年代，信息匮乏，一个长在贫苦家庭的孩子没有什么途径知道“腐殖土可以种花”这样的知识，但信息匮乏却造就了另一种强大的能力，那就是直觉。凭着一个孩子的直觉，赵阳在生物世界如鱼得水。

对大自然的喜爱伴随了赵阳的一生。赵阳爬山，会在背包里装一把小铁锹，随时准备翻找石头下、落叶下的各种虫子；去海边玩，别人是往沙滩椅上一躺就不动了，他却从头到尾都弓着腰找贝壳、挖螃蟹，要不是天要黑了他决不肯走。此时的他不是4岁，而是40岁。

与赵阳的爱好不相称的是他的家境。即便在今天，喜欢动植物都算一种很“奢侈”的爱好。孩子们要么去上补习班，要么学点能考级、对升学有帮助的才艺，有多少家长肯让孩子把大量的时间花在“玩虫子”上？更何况是三四十年前的贫寒之家，赵阳的贪玩引起了父母极大的担忧。

“不好好读书，将来你要吃苦头！”母亲一脸“恨铁不成钢”的怒火。

母亲的训骂丝毫没有减少赵阳的玩性。上大学时赵阳如愿以偿地读了生物学，毕业后，他决定考研。但他却没有选生物科技、生物工程这样好就业的专业，而是一心想选考古生物学专业。

最终，赵阳如愿以偿地被北京一所院校录取。“我读研的时候导师曾带我们到宁夏找化石。”赵阳说。这时我脑海里浮现了这样一幅画面：一群青年男女，带着小铲子，在一片荒漠之中挖呀挖；然后拿着小刷子在化石上刷呀刷……众所周知，考古专业算冷门，对动植物进行考古的专业，更是冷上加冷。可赵阳丝毫不在意。

赵阳拿到了录取通知书，负笈北京。然而，赵阳很快发现新环境和他想象的不一样。他的同学们热衷的事，比如做实验、写论文、争取留校、争取到某某科研单位就业、争取考博、争取北京户口，他都没有太大兴趣。要说做实验，他从小就不是那种坐得住的孩子，一心想往外跑；要说写论文，对他来说，那更是烦琐到极点，简直是浪费时间！

他很快对这个体系厌倦了，转而去开拓适合他自己的赛道。读研期间，他找的兼职相当小众：他去给旅行社策划儿童路线，带着孩子们去野外认识动植物。他的老师、同学觉得，你一个研究生不去搞点“高精尖”的工作，混在孩子堆里岂不是大材小用？但赵阳认为这才是他喜欢做的事。

毕业后，赵阳继续“不走寻常路”。同学们纷纷择高枝而栖，而赵阳却打算养虫子创业。“创业”算好听的，另一种叫法是“无业游民”。

就在这一年，也就是2011年，小毛驴市民农园和石嫣博士火了。赵阳眼前一亮：对啊，开个农场多好，这样不就可以种花草、养昆虫、养小动物了吗？赵阳马上联系到了“小毛驴”的黄老师。黄老师说：“实习生名额满了。”

“没关系，我不要钱。”

就这样，赵阳一边养蟋蟀，一边在农场做志愿者。他的人生轨道开始与他那些做科研或当老师的同学们分岔。

赵阳养蟋蟀，大概是小时候受了电视节目《致富经》的影响，那些养白蚁、养竹鼠、养乌鸡的人不都做成了吗？如今，他跃跃欲试，自己本来就喜欢养动物，再顺便小赚一笔，这真是两全其美！他带着一腔热情，任劳任怨地做了“蟋蟀爸爸”。赵阳的清晨，是从煮蟋蟀食开始的；煮的同时开始切白菜，把白菜切成指甲盖大的小方格，再把粥状的蟋蟀食涂到白菜块上，这就是蟋蟀们的丰盛早餐了。除了准备食物，打扫也是重要的步骤。隔夜没吃完的白菜块要及时清理，不然会长霉。这些事看起来并不难，难的是这么多大蟋蟀，每只住一个罐子——喂鸡喂鸭一把食撒下去可以喂一群，但喂蟋蟀不行，每只大蟋蟀只接受单独服务。赵阳就是蟋蟀大楼的外卖小哥，每份餐都要送到每个住户家中。上午的时间不够用，下午又要去农场工作，赵阳只好晚上回家再继续做上午没做完的工作。每日如此，不得中断，也不能出错。若哪个环节没做好，蟋蟀就会长得十分弱小，甚至死亡。

犹如工厂流水线上的工人，重复和劳累考验着这位研究生刚毕业的年轻人。一天晚上，赵阳和往常一样用小电炉煮蟋蟀食，这时困乏像一个狰狞的魔鬼悄然夺走了赵阳的意志，他毫无抵抗地躺在地板上睡了过去。不知过了多久，赵阳猛地惊醒，他闻到空气中弥漫着浓重的焦味，不好！他意识到是电炉上的蟋蟀食烧干了，一翻身先把电源拔下来，再一看，电炉下的地板烧出了一个焦黑的圆洞。等他站起来，头竟没入了一片烟雾中——从肩膀往上到天花板，飘着厚厚的浓烟，他冲到窗前把窗打开。定了定神，小心翼翼地检查了一遍房子，所幸没发现其他异样。他跌坐在地板上，呆呆地望着地板上焦黑的一圈，此刻他能听到自己的心脏在怦怦地跳。谢天谢地，地板是阻燃材料的。死亡之神仁慈地放过了他，否则，第二天新闻标题将出现“北京一小区突发大火……”。

有付出未必会有回报，养殖业就是。养蟋蟀容易，养出能卖钱的蟋蟀难。蟋蟀玩家们有一套复杂的挑选标准，从头型到眼睛，从颜色到纹路，卖蟋蟀的速度根本赶不上租金和供暖费的支出。蟋蟀终究是养不下去了，赵阳没赚到钱还透支了信用卡，那时他才刚毕业，助学贷款都没还完。然而，失败没有吓退他，这不是他第一次创业，也不是最后一次。

东方不亮西方亮，蟋蟀没养成，在“小毛驴”的工作倒有了起色。农场经常举办各种儿童体验活动，之前此事无专人负责。看赵阳又能带孩子，又能玩出很多有趣的花样，黄老师就把儿童活动全部交给他。这种事根本难不倒赵阳，他设计了一系列体验活动：春天施肥、种菜、浇灌；夏天找虫子、露营；秋天采摘、做美食……活动大受欢迎，加上“小毛驴”本身的影响力，没多久这套活动竟然有了模仿者——其他的农场也照葫芦画瓢，个别活动连名称都一模一样……

赵阳是个出众的自然玩家，也是个出众的讲故事的人。在平常人不会多看一眼的路边杂草丛里或是荒地上，他一眼就可以发现虫子，并且绘声绘色地讲起它们的生活史——你们看到树干上一条一条的泥巴了吗？这是蚂蚁修的高速路；大家看这是一只蝽，蝽放的屁有巧克力味的，有苹果味的，哪位小朋友想闻一下？这条一拱一拱的虫叫尺蠖（音：huò），你们记不住就记成“吃货”……

他带着孩子们在野外探索的时候，时不时大声叫道：“快看，这里有个好玩的！”“啊，这位小朋友竟然发现了这种虫，我告诉你们，这个虫可了不得……”如果你恰好是个无趣的成年人，你会瞥一眼赵阳手里的虫，然后说："这有什么，这不就是到处都看得到的虫子吗？"但是在赵阳眼里，万物皆是神奇的、可爱的。即使是平时走在农场上下班的路上，他仍像个孩子一样好奇地到处寻找，时常会一惊一乍地喊："快看，这里有……"

看到现在的孩子在大自然面前变得越来越小心和拘束，他告诉孩子们，除了蜜蜂和马蜂不要去招惹，草地上的其他虫子基本没有危险。为了帮孩子们克服心理障碍，赵阳在课堂上设置了一个特色环节：让孩子亲手摸摸虫子。他经常把一条让很多人感到"不舒服"的青虫或马陆放在孩子们的手心，有时候也放一条蚯蚓，让孩子们感受凉凉的、黏黏的或痒痒的感觉。很多孩子从来没有摸过虫子，当他们怀着忐忑的心情摸了一下后，紧张的脸上一下露出了开心的笑容，喊着："还要摸，还要摸！"

他还让家长和孩子齐上阵，在草地里比赛捉虫。孩子们有的叫着、闹着自己抓，有的拽着父母抓，一派热闹。抓虫子需要眼疾手快，这是有趣的游戏课、体育课；同时，这也是难得的亲子时光。

赵阳改变了很多人对"游玩"的理解。按说游玩得去一个风景秀丽的地方，否则岂不是太无趣了？但赵阳从来不这么认为，室内飞进来的虫子、小区门口绿化带、农村的菜地，一切皆能玩。

孩子们见了他，就跟着他一头扎进草地，把手机、电视抛到脑后。

虽然赵阳很适合这种自然导赏工作，但那时他并未意识到这是个可以长期从事的事业，心里想的还是开农场。

人生总会错过一些机会。2012 年年底，赵阳离开“小毛驴”，转而去云南的一个村子尝试农业耕种。看起来，农耕似乎与他想“开一个农场”的愿望更近一些。但这也意味着，赵阳中断了他如日中天的自然教育工作，与机会擦肩而过。

到云南两三年后，赵阳的农耕尝试并没有预想的那么顺利，机缘巧合之下，他与几个朋友一起“重操旧业”，又做起了自然教育。对于赵阳来说，在农场种花草养动物和带孩子们观察森林、小虫是一回事，都是与天地万物相连。而且市场也帮赵阳做了选择：做农耕没挣到钱，可做自然教育却有还不错的收入。

如今的孩子要不就是累倒在书桌前，要不就是沉迷在游戏中，走出家门看到的不是星空和地平线，而是高楼和立交桥。不少家长都意识到，该让孩子到大自然里走一走了。这为自然教育行业提供了机遇，更给赵阳这种从小“野着”长大、又学小众专业的人提供了出路。

一开始，赵阳什么类型的自然活动都做，比如认植物、种水稻、做木工、欣赏自然艺术等，做到一定程度他发现自己精力有限，这样下去样样做不精。后来，他干脆以鸟类为主打特色，事实证明他的决定是正确的。

2015 年，他正式注册了公司，开始了新的创业之旅。当时在云南，甚至在全中国，都还没有专门带孩子观察和饲养小鸟的自然教育机构，赵阳和他的公司令人印象深刻，独具识别度。赵阳的公司迅速积累了一批铁杆粉丝，有家长把孩子送过来说："我家孩子从小痴迷鸟类，这下找到组织了！"没多久，连央视也注意到了这位青年，赵阳接连两次被邀请到央视少儿频道做节目嘉宾。

赵阳的父母何曾想象到，他们那爱玩虫子、养鸽子的儿子竟然会上电视。二十年前，他们为儿子贪玩没少骂他、打他；二十年后，儿子靠着"会玩"创业、守业。而如今的家长却忙着用补习班、兴趣班把孩子的时间全部填满。赵阳的故事提醒我们，不要忘记给孩子留白，这些看似无用的、没有效率的时间也许会给人带来影响一生的力量。

2 压抑的童年：贫穷的家境和严厉的母亲

虽说公司做得还不错，但赵阳并未感到满足，总感觉有什么事没做完。他心头升起莫名的烦躁。“要不我去找个造火箭的公司上班？”那段时间，赵阳总是把“造火箭”挂在嘴边——他总是对更大、更快的东西充满向往。

回顾赵阳的童年，固然有自由和快活的一面，但对赵阳影响更深远的，其实是自卑和穷苦。赵阳出生在河南的一个小镇，家里很穷。后来父母带着赵阳和他妹妹从小镇搬到市里谋生活，没有地方住，只好向一户人家租了一间房。没错，总共就一间房。一家四口同睡一张床，房间里的电器就两个——一台旧电视和一台电风扇。他们住在二层，房东一家则住一层，水电共用。那几年，赵阳特别没有安全感和归属感。开水龙头洗手，背后经常传来房东幽幽的一句“水开小点！”，赵阳感觉仿佛被一个 24 小时监控的摄像头盯上了。直至成年，赵阳都没能摆脱这个阴影，倘若有人无意中说“你擦手要用那么多纸啊”，这句话会立刻引起他的强烈不满，它的杀伤力等同于小时候房东对他说：“水开小点！”

家里没什么吃的，填肚子主要靠馒头，最多配一个菜。父亲偶尔做的青椒肉丝面，对赵阳来说是一辈子怀念的大餐。去别人家做客，赵阳发现对方的家境永远比自己家的好，别人家能吃上冰箱里的西红柿，别人家有录音机，别人家有钢琴……有时主人会说：“这个东西很贵，小心点别碰坏了。”虽然主人可能只是正常提醒，可是在赵阳心里这又等同于房东对他说：“水开小点！”

赵阳从小目睹贫穷给他们家带来一个又一个苦难。他的父母都是朴实的老实人，只知道埋头干活：十年前他们的钱够买一套房，但他们舍不得买，把钱存到银行；十年后钱倒是多了些，但还是只够买一套房，相当于十年白干。他们没给自己买任何保险，连社保也没有。那日，母亲突然晕厥，医生说是脑出血，需要做开颅手术。这下他们发现自己根本交不起医疗费。手术后，母亲成了植物人，再也无法从病床上起来。父亲为了照顾母亲，无法出去工作，仅有的一点收入来源也没有了。贫病交加，这个词仿佛被发明出来就是给赵阳家用的。

还有一件事，也是赵阳多年挥之不去的阴影。赵阳生在河南，这是一个人口将近 1 亿的大省，但是与人口数量极不匹配的是本省“211”大学的数量以及省外大学在河南的录取率。河南的“211”大学只有一所，考生只好从省外找好学校，可是省外学校在河南的招生人数又极少，这导致河南考生想考取好学校，就要付出更多的努力来准备高考。不太意外地，赵阳第一次高考成绩不尽如人意，他选择了复读。但是，即便是复读了，他考上的也不过是河南省名不见经传的一所院校。

对赵阳造成重大影响的还有他的母亲。母亲脾气暴躁又高度自卑，有一点不如意，就会发火；看到别人比自己过得好，母亲心里永远不服气，有时甚至恨得牙痒痒；加上家里很穷，有一点小损失、小错误，就会触动母亲脆弱的神经，“一点小事可以骂三天。”赵阳回忆道。母亲对赵阳是严厉的，对其他人也是严苛的，赵阳从小就生活在这样一种高压环境中。

现代心理学把人面对创伤或危险时的应激反应总结成三种：战斗、逃跑、僵住。赵阳显然属于第一种。如果说小时候的赵阳长期受穷、被压抑、被欺负，那么成年后的赵阳则走向了反面：他随时往前冲、崇尚速度、崇尚智力。他有一张棱角分明的脸，太阳穴处布着青筋；他极富正义感，对社会上一些黑暗和不公的现象愤愤不平；他勇于担责任，遇到困难他不会逃跑，而是正面相迎。若是生在乱世，他可能是将军、是英雄。当然，一个人的优点往往也是他的缺陷：若是有人没按照他说的做，他立马认定是对方“性格倔强”，而不从自己身上找原因；若是有人在谈话中流露出不悦、不满的情绪，他立刻升起比对方更强的怒火。

他是科学的信徒，毕竟科学可以造出几万公里的铁轨，也可以把人送上太空。他对效率有一种迷恋，像堵车这样“低效”的事必然激起他的狂躁。他评判别人，也时常使用智力和速度两把标尺，不是觉得这个人“傻乎乎”的，就是觉得那个人“浪费时间”；与此同时，他对高智商和高效率的人心生钦佩，比如研究火箭的科学家，或是建造商业帝国的企业家。

他这样的性格，若是老老实实去打卡上班，必然行不通。他会觉得领导不够聪明，他会认为公司制度不合理，他会认为每天上班通勤所花的时间是在“浪费生命”……

这解释了赵阳为什么总是在创业：本科时他开了家网吧，研究生毕业他去养蟋蟀，离开云南乡村后他创办自然教育机构……2021 年，赵阳又迎来了一个新项目。

创业，是赵阳的宿命。在他的潜意识里，只有创业才能把命运的主动权牢牢掌握在自己手里，才有一片足够广阔的天地让自己挥鞭驰骋。

如果一个人非常喜欢动植物，又想要创业，那么乡村再合适不过了。在城里打拼了几年后，赵阳的目光又一次望向了乡村。他处处留心着土地出让的消息，没过多久，他寻找的目标出现了。

3 创业与冒险：为童年的苦与乐找个完美出口

那年10月初，赵阳到山上看了一眼；到10月底，赵阳已经签完合同拿到了地。地是从一个做农家乐的老板那里转过来的，他需要向老板交一两百万元的转让费，并向村里交纳每年数十万元的地租。赵阳没有这么多钱，但这没有难倒他。就像攀岩者在面对能让他粉身碎骨的悬崖峭壁时，产生的感觉是跃跃欲试和兴奋，而不是恐惧；赵阳这样的创业者在面对财务压力和潜在风险时，产生的是类似的感觉。他与转让者来回谈判，商定先交一部分，剩下的三年后交。之后他找了几个合伙人投资，加上自己的积蓄，把地拿下了。

周围朋友都吃惊地说："啊，你这么快就在山上了呀！"赵阳拿地，像去楼下馆子吃碗面一样云淡风轻。

在山上创业的第一个风险是人生地不熟。又一次和当年初到云南时一样，赵阳在村里一个人也不认识。出让地块的老板是当地人，赵阳曾劝说他成为合伙人，这样也算在当地有个照应。但这位老板只对现金感兴趣，他可不想和赵阳搞什么合伙经营。

除此以外，赵阳还有个人财务风险。他买过三套房——曾经父母有钱也不敢买房，从而错失机会，他则牢牢地记住了这个教训，甚至到了矫枉过正的地步。在他买完第三套房子的那刻，他以为他在命运面前打了胜仗，走起路来得意得仿佛脚踩七彩祥云。实际上，他像只可怜的兔子一样，每套房都有高额房贷，其中一套还做了全额抵押，每个月要还的利息高达几万元。后来，房价也变得不太稳定。

创业者如果瞻前顾后，就很难成为创业者。赵阳才不管这样那样的风险，他像闯进天庭的孙悟空一样毫无畏惧地闯进了村庄。他从自己的成长经历中学到的是：冒险，有可能使自己往前一步；若留在原地，则什么机会都没有。

赵阳站在荒林中，想象着几年以后这块土地上有马儿在奔跑，有虫儿在鸣叫，有手艺人传播古老技艺，有教育者带孩子们在田间歌唱，有医者为人治病疗伤……不过，憧憬归憧憬，眼下最重要的事就是让营地有收入。

营地占地 100 多亩，这么大面积的地要是按常规的方式修建，必然修到山穷水尽。赵阳想到了另一个办法：招商。这是一个乡村版的“万达广场”，餐饮就招餐饮老板做，露营就招露营老板做，此外还有沙滩车、蘑菇采摘、丛林骑马等，全都是专人经营。这样大大减少了修建压力，也不用担心发不出工资。赵阳的全职工作人员只有两个人：他和他父亲，其他人员皆由商户自行招聘。

乍一看这个方法相当不错，等于后期自己不用干活，等着营地里各家商户分享利润。不过，你得想办法撑到分利的那一天。在这之前，你要面对的是巨大的风险、庞大的债务和营地的烦琐事。

租地之前，赵阳曾带一些朋友去看，他问朋友：“你觉得这地方怎么样？”朋友看着这片长满荒草和杂树的地方，不解地说：“这不就是普通的一座山吗？”

一开始，没有商户愿意入驻。这里荒芜一片，人流量稀少。当赵阳眉飞色舞地向潜在商户介绍他的营地、展望美好未来时，对方只是冷淡地回答：“等你考虑好了再说吧。”可赵阳明明已经“考虑好了”呀。

没办法，想要吸引到商家，只能自己先掏钱把荒山修出个样子来。

把荒地挖平整，种上草皮；请挖掘机修路、把地块功能分区；

把破烂简陋的房间重新装修……有经验的人知道，在荒郊野外随便修点小设施，几万元就没了，何况是持续不断地修，持续不断地投入。

商户还没找到几家，交地租的时间却到了……无数个日子里，赵阳一个人坐在书桌前接电话、打电话，能借钱的亲戚朋友他都借过一遍了。

屋漏偏逢连夜雨。2022 年，赵阳度过了最难熬的一个冬天。赵阳和仅有的两三家商户，守着这座山，没有一个顾客，没有任何进账。

谁家不是上有老下有小，谁家不是有贷款要还。山上的天气越来越湿冷，人的心也越来越湿冷。其中一个商户阴着脸说："这样下去就没活路了！"赵阳的负债比这个商户多得多，他默默承受着肩上的重担，像驴一样一声不吭地驮着重物。

光是银行贷款，赵阳一年就要还几十万元；加上营地每年需要几十万元的投入，赵阳挣的钱，终究是跟不上负债的速度。他借新的贷款去补旧的贷款。很快，新的贷款也贷不动了，铅笔在纸上写过来划过去，不够，还是不够，只能卖房。

然而，高价买房又低价卖房，加上这期间交的房贷，一来二去 100 多万元蒸发了。极不愿意给人打工的赵阳，倒是扎扎实实给银行打了多年的工。就算卖房，也堵不上赵阳的财务窟窿。

苦难在小时候早已一遍遍上演过，这一次不是最令人绝望的一次，也不是最后一次。赵阳像野草一样，牢牢地扎根地下，哪怕暴晒，哪怕洪涝，他都不放弃生存的机会。

2023 年，人们的生活慢慢回归正轨，想做生意的商户和想出游的家庭都对赵阳的营地感兴趣起来。这一年，营地人气直升。

然而，赵阳的压力丝毫没有减轻。从水电使用到地块使用，商户提出各种各样的需求都要赵阳去协调；协调不好的话，要不就是商户与商户吵起来，要不就是商户和赵阳吵起来；前一天打好几个电话联系好的渣土车，今天说来不了了，害赵阳白等了一上午；村民找到家里来，有的说赵阳修路碰到了他家的地，有的说碰坏了他家的竹子，还有的说碰坏了他家的茅坑，要找赵阳赔钱……

“喂，小赵，我说你们的马不能走到我们路上来。”

“大哥，之前说过的，掉下的马粪我们会随时扫走。”

“扫走也不行，马会把路踩坏的嘛！”

“车子在上面开都没事，马才多重？”

“反正我跟你说，不行！”

诸如此类的电话赵阳接了一两百个，不是这里不行，就是那里违规了，或是挖掘机施工打扰到了邻居。赵阳像个焦头烂额的救火员，这边的火才扑灭，那边的火又着起来了。他不熟悉这个村庄，村庄也不熟悉他。

村里好多村民没有微信，甚至连字都不认识，这又给赵阳的工作带来了困难。工钱给没给，这对大部分现代人来说非常容易核实——只要翻转账记录就行了。但好多村民没有电子账号，大多只能用现金，有好几次村民记不清楚钱收没收，就跑过来找赵阳。这个向来崇尚效率、崇尚做大事的人，现在不得不耐着性子和村民站在田坎上，花整整半小时甚至更长时间，只为了讲清楚钱是什么时候给的、给了多少……

做自然教育机构的时候，赵阳是老师，家长和孩子对他恭恭敬敬，没什么人来难为他。如今做营地，他一夜之间地位跌落，从村民到村干部，从货车司机到商户，谁都得罪不起。赵阳向来脾气火暴，抗争是他的底色，这下好了，三天两头与人争执不休。不止一次，他挂完电话就狂啸着砸东西。财务危机没有让他退缩，但这一次次的人际纠纷却让他万分疲惫。他第一次感到创业是那么没有意义。

“我只是想找块地养点动物，挣点小钱，怎么就被这些破事缠上了！没意思，不做了。”赵阳阴沉着脸，完全没了刚开始的劲头，像一头全速奔跑却没追上猎物的狮子。

如今他已是年满四十的中年人，上有老下有小，贷款尚未结清，欠亲友的钱尚未还完，哪由得他说不做就不做了呢？赵阳自然是知道轻重的，发泄完情绪之后，该做什么还得继续做。这位曾经的天之骄子、来去自由的山鹰，现在不得不低下头学习一些新的东西。

赵阳有一个多年的好友，这位朋友总能在关键时刻平复他火山一般的怒气，安抚他走投无路时的烦躁，缓解他缺钱时的焦虑。如果不是这位朋友，赵阳要么去了心理咨询室，要么去了急诊科。这位朋友的名字叫“劳动”。工作无法推进的时候，干活去；资金紧张的时候，干活去；和人吵架了，干活去；心情好的时候，也干活去。如果你看到营地里有几个工人在干活，赵阳极有可能就是他们中的一个。在山上这几年，他已经会熟练使用电钻、油锯、枝剪、打草机、木头粉碎机、切割机。有那么一段时间，他还亲自开过小型挖掘机。亲自劳动有一个显而易见的好处——省钱；还有另一个好处，那就是解脱，哪怕只是短暂解脱。

早在100多年前，托尔斯泰就发现了劳动的好处，他出身贵族，却亲理农事。他把他的劳动生活也写进了《安娜·卡列尼娜》中——干了一整天农活的列文回家对哥哥说：“你真不会相信，这是治疗各种傻气的妙方呢。我要给医学增加一个新名词：

劳动疗法。”书中另一处写道：“‘我需要体力劳动，要不我一定又会发脾气了。’他想着，决定亲自去割草，也不管在他哥哥面前和老百姓面前会有多么尴尬。”

通常，家长们逼孩子读书，目的之一是让孩子将来能摆脱体力劳动。但赵阳完全不认为体力劳动是个需要摆脱的东西。他的研究生同学要么在学校当老师，要么在实验室做科研，衣服和鞋子一尘不染，而他却每天走出家门，在荒野中开展一天的工作。他的鞋子永远沾满泥，衣服口袋翻出来的不是木屑就是草屑。他站在泥巴地上指挥挖掘机，像个包工头；他把油锯举过头顶去割高处的树枝，像个伐木工人；他拿着电焊机焊钢架，像个工地民工。

赵阳并不是最近才开始劳动的。早在十年前，从事农耕时，赵阳就搬过干草、运过牛粪、开过拖拉机；从事自然教育时，他带孩子们徒步行走，肩上还要背负几十斤重的背包；做营地以后各种重活自然有增无减。光是打草机就重到一个大男人很难独立背上肩，要另一个人帮忙才能扶上去，可赵阳却能背着这机器与荒草展开一整天的搏斗。

看一个人的手，大概就能判断出他的职业和生活状态。赵阳的手一看就不是坐办公室工作的人的手——手指头粗短有力，手掌上有大大小小的老茧和新磨的水泡。

一个冬天的傍晚，赵阳一瘸一拐地回到家来，小腿前侧染了一片血渍。

“腿怎么了？”妻子问。

“油锯割伤了。”

赵阳在锯树枝时锯到了自己的腿。脱了裤子一看，红色的血渍中夹杂着锯齿留下的黑色污渍，伤口四五厘米长。

“去医院吧。”妻子说。

“没事，自己处理下就行了。”

对于伤病，赵阳从来不会大惊小怪，通常他都是自己上点药就完事了。自己处理显然没有医院处理得专业规范，这伤口足足养了一两个月，最后留下了一条突起的、褐色的永久疤痕。

那天赵阳穿的是一条户外工装裤、一条秋裤，两条裤子同样被油锯割出四五厘米的口子。山野生活早让赵阳一家养成了节约的习惯，妻子把两条裤子送到山下的裁缝店补。店主是位五六十岁的阿姨，她看到裤子脱口而出：“裤子破了就换新的嘛！”

有一次赵阳和一位老友聊天，老友是有稳定工作的职场人，他说：“你做这事又累又不挣钱，何必呢？”是啊，何必呢？像海明威《老人与海》里的老人一样，坚持、搏斗就是赵阳存在的意义。“人可以被毁灭，但不能被打败。”倘若没有了身体上和精神上的负荷，去老老实实做白领，赵阳可能会像泡沫一样消散。就像老人必须有那一片海，必须有那一条大马林鱼才能成就自我一样；赵阳也必须有一片旷野，必须有一个风险高、创造力强的项目才能过好这一生。

2024 年是赵阳上山创业的第四年，直到最近，赵阳依然在他梦想的画布上不断增添新的色彩：平整新的地块，引进新的项目，打造萤火虫栖息地，新买了一批苗木，新养了三只羊……赵阳喜欢多项目快节奏进行，就好像弹钢琴，赵阳会想用两只手弹出四只手的效果。朋友每次来，都会发现营地有新的进展和变化，当初别人看不上的荒地，现在正逐渐变成配套完善的亲子乐园。一到假期，停车场的车塞得满满当当。不止一个朋友感叹："赵阳胆子真大，真是做大事的人。"

乡野，只有乡野，接纳了赵阳的性格缺陷，接纳了他童年的自卑和感伤，允许他像将军一样征战和冒险，允许他像孩子一样玩耍和游戏，允许他安心地和他的虫子、花朵、小羊、马儿待在一起。

CHAPTER THREE / 第三章

在冲突与碰撞中，重建亲密关系

1 人去房空：5 个人散落在 5 个省市

那年，刘晓兰 44 岁，作为一个农村女人，她并不奢望接下来的人生还会发生什么大的变动和转机。年轻时，她在广东打了很多年的工，总算把两个儿子拉扯大。几年前，她结束了背井离乡的打工生活，回到老家四川金堂县，在镇上开了间麻将馆。如今大儿子唐亮大学毕业，在北京工作，小儿子唐进也已经成家，刘晓兰深深地松了一口气。那些年她为了给两个儿子攒学费，不敢去街上给自己买件新衣裳，在菜市场来回找便宜处理的蔬果，在广东过了一个又一个冷冷清清的春节，这些苦她还历历在目。好在这些都过去了，日子总归是会越来越好的，刘晓兰想。

眼前这间麻将馆是刘晓兰后半生的寄托——她总算是回家了，不必再去遥远的外省漂泊。开麻将馆的好处不少，一来多少能攒点养老钱，二来打麻将能让她和三五好友随时相聚，相互交换村里的、镇上的新鲜事，也彼此分享儿女或老伴给他们带来的忧伤或快乐。只要一上麻将桌，她就不会孤独；而那输赢之间的小刺激，也让她觉得抓住了保持年轻的秘诀。她觉得，还有什么能比打麻将更好地将日子打发过去呢！

最近还有一件喜事：唐进的儿子浩浩出生，刘晓兰做奶奶了！她一边开麻将馆，一边帮忙带孙子。

若说生活有什么不如意，那肯定是有的。前阵子她和丈夫唐朝其大吵一架，最终把老唐打发到成都打工去了。眼不见心不烦，她没好气地嘟哝道。本来她打算和老唐一起经营麻将馆，但终究事事都看不顺眼，一见到老唐，她就气不打一处来，血压都升高了！要说招呼客人，老唐说话又啰唆又没有要点；要说端茶送水，老唐手脚没那么勤快；要说记账算账，老唐小学都没读完，字还写不明白呢！

当初嫁给老唐，是一时赌气。姐姐年纪轻轻意外去世，家里人竟然让刘晓兰去嫁给姐夫，她坚决不同意。就在这时候她遇见了老唐，她像抓救命稻草一样抓住了他。婚后，当冲动的荷尔蒙褪去时，她失望地发现：丈夫比她大 10 岁，只有小学文化，而她则上过初中；他父亲在他小时候就去世了，没有了顶梁柱，他们家一贫如洗；他对麻将的热爱和她不相上下，好几次他把口袋里的钱输得精光才回家。惨淡的家境逼着她去外省打工，夫妻多年分居，这让他们的感情像旧袜子脚后跟处将破不破的洞，岌岌可危。

悔恨像花椒树上的刺一样扎破了她的心，她怨自己年轻时太冲动，恨老唐夺走了她像栀子花一样娇柔的青春。她怀疑自己从来没有品尝过爱情的滋味。想到这里她愣了一下，孙子的哭声把她拉回了现实。都44岁了，做奶奶了，爱情是她这年纪的人该考虑的事？不想那么多了，把眼前的日子熬过去就不错了。

那年冬天，大儿子唐亮带回来一个惊人的消息，这个消息在刘晓兰不好不坏的日子里激起巨大的水花，她万万没想到她的下半生即将被彻底改写。

“过了年我就不出去上班了，我要在家开农场。”唐亮说。

“什么？！”刘晓兰一时没反应过来。

“我在北京学了生态农业，就是种菜不施农药和化肥，菜价可以卖到普通蔬菜的好几倍。”唐亮解释说。

“你是不是被那群人骗了！什么生态农业，不打药根本种不出来东西！”刘晓兰的声音高了八度。

刘晓兰慌了，她知道大儿子的决定是拦不住的。他们夫妻俩没什么文化，从求学到找工作，全是唐亮自己拿主意，她拿儿子全无办法。儿子想做其他的倒还好，偏偏想种地，这怎么行！

她和老唐都是地道的农民，可做农民哪够养家！唐亮今天能上完大学，全凭夫妻两个轮流出去打工，要是留在家里种地，都不知道上哪里吃饭呢！别人家孩子都拼命考出去，哪有出去了又回来的道理！这一回来，自己的努力不就付之东流了吗？当年她一个人去广东打工，忍受着亲子离别、夫妻异地的愁苦。她尽了做母亲最大的努力，攒了一些钱，结果发现只够供一个儿子上学。由于唐亮成绩比弟弟唐进好些，家里决定让唐亮继续读书，唐进则初中毕业就出去打工了。在大儿子身上，刘晓兰寄托了无尽的希望，她幻想儿子在北京买房，再娶个贤惠的媳妇，每逢节假日就衣锦归来，好让他们唐家也风光一回。没想到在她正准备享清福的时候，唐亮居然说要回家种地！

刘晓兰几天没睡好，但每当她说出反对的话时，唐亮总一副不紧不慢的模样，说什么生态农业、CSA，还说什么有个女博士也去种地了，央视都报道了。“胡闹！读书读傻了！”刘晓兰骂道。年也过完了，在家见了儿子就心烦，刘晓兰只得早早地回镇上经营麻将馆。可打开门一看到那几张四四方方的麻将桌，刘晓兰的心更乱了，过不了多久全村人都会知道她儿子回家种地了，这让她在牌友们面前如何抬得起头！

无论母亲怎么反对，唐亮早已下定了返乡的决心。这不是他心血来潮，而是小时候就有的心愿。从 20 世纪 90 年代起，他们家就日渐走下坡路，光靠种地根本无力负担一家四口的开销。最穷的时候，家里空空如也，过年没钱买年货，是唐亮到水塘里捉了几条鱼，拿到镇上卖了换钱，才勉强把年撑过去。唐亮还不到 10 岁时，父亲无奈之下离开家，到成都市里卖水果。唐亮 12 岁那年，父亲回来了，母亲却悄无声息地消失了。父亲含含糊糊地说母亲是办什么事去了。但过了好几个星期，又过了好几个月，母亲都没回来。在唐亮的逼问下，父亲告诉他母亲是去广东打工了。当年春节，没有见到母亲的身影，唐亮清晰地记得那是 1998 年。

第二年春节，母亲还是没回来。第三年、第四年、第五年……母亲一直没有出现。唐亮知道，母亲是为了节省路费。但童年没有母亲的陪伴，唐亮觉得自己就像半搁浅的鱼，永远觉得水不够。就在那段时间，唐亮萌生了一个想法：做什么在农村能挣钱的事就好了，这样父母都不用出去打工。

第六年，母亲突然出现了。母亲回来，除了看看两个儿子和丈夫，还有一个更重要的目的——治病。她要动一个大手术，一来广东医疗费太贵，二来万一手术失败，也来得及见家人最后一面……

好消息是，手术相当成功，经过一段日子的休养，母亲恢复如前。坏消息是，母亲又得出去打工了。那时唐亮兄弟俩都长大了，于是父亲也出去打工了。

家里只剩一个人，那就是唐亮的大伯。大伯腿有残疾，没成家，也没出去打工。放假回家过年，唐亮伤心地发现只有大伯在，家里其他几个人分布在外面各个城市。

家不像家。唐亮的心就像被暴风雨侵袭过的菜地，满目悲凉。他更坚定了回家创业的想法，但回家干什么呢？年纪尚轻的唐亮还不能解开这道难题。他只得按部就班地上学、毕业、找工作。

2011 年，唐亮从西南大学毕业，已经在重庆上了三年的班，还完了助学贷款。有一天他偶然看到合初人耕读之家的朱艺老师和她的 CSA 农场的报道，那一刻，唐亮积压在心里多年的愿望像野马一样奔腾起来。过去的岁月中，唐亮也不断地盘算着回家的事，他考虑过回家养鸡，或是在城里开一家店来卖菜，等等，但都没有太成熟的方案。朱艺老师的这个 CSA 模式看起来倒是不错。

CSA 的英文全称是 Community Support Agriculture，最开始翻译为“社区支持农业”，后来译为“社会互助农业”，再到“社会生态农业”。不管如何翻译，它始终有两个特点：一是消费者预付费给生产者，这改变了过去农民只能默默种地却没有议价权的局面；二是采用不施农药、化肥的种植方式。再简单点说，就是我可以出钱来预定你接下来一年种的菜，但你要保证菜是没有农药、化肥的健康食物。CSA 为消费者和生产者构建了相互支持的信任关系。

唐亮非常认同 CSA 理念，持续关注了好几个月。后来他发现朱艺老师的 CSA 是从北京的石嫣博士那里学来的；知道了石嫣，也就知道了她担任名誉园长的小毛驴市民农园。正好“小毛驴”在招募实习生和志愿者，唐亮感到时机来了！他毫不犹豫地辞了职，开始了北上取经的旅程。

我就是在“小毛驴”认识唐亮的。如果要用一个词形容我对唐亮最初的印象，那就是“平淡无奇”。他的长相是平淡无奇的——微胖的身形、不高的个子、圆圆的脸和脑袋，这种相貌的人走到人群中就会被淹没；他的性格也是平淡无奇的，话不多，不像赵阳那样总是叛逆、抗争、爱发表言论；也不像有些热血青年一样，动不动就徒步旅行；更没有什么摄影、弹吉他之类的特长。那时候我没有想到，这个普普通通的身躯里，藏着大山一样沉稳的灵魂，它是那么恒久、坚韧且充满恩慈。

在“小毛驴”，唐亮听了各种各样的生态农业讲座和论坛，他受到了从未有过的冲击。他似乎明白了他的父母以及广大的农民在经受一种什么样的折磨：农民辛辛苦苦种地，却没有机会直接和消费者打交道。他们只能把种出来的粮食卖给收购方，然后这些粮食将去往超市、农贸市场。农民的利润空间非常有限，他们只能通过追求产量以及抢早市的方式来获得微薄的收入。于是，各种各样的农药、除草剂、化肥进入了农民的菜园子，渗入了他们赖以生存的水源，最后抵达了城里人的餐桌。假如农民和消费者直接达成合作，那么谁也不用再受农药、化肥之苦了。

回家种地，不施农药、化肥，找到志同道合的消费者，唐亮在心里默默地把这个路径重复了千百遍。他学得特别认真，从生产技术到营销宣传都处处留意。在“小毛驴”，唐亮的工作岗位是市民地块管理。到什么季节给市民提供什么样的菜苗、为市民提供什么农耕工具、市民在种植过程中遇到什么问题，他都一一记录。有一次开例会汇报工作，别人都是简单说几句，轮到唐亮时他忽然拿出一份详尽的表格来总结最近的情况，惊艳了现场所有人，我们几个相熟的伙伴从此叫他“西南大学的高才生”。后来，石嫣创办了“分享收获农场”，唐亮也是初创伙伴之一，他参与了公司注册、会员招募、蔬菜运送、市集摆摊等各项流程。2012 年底，唐亮感觉学得差不多了，便坐上了从北京返回四川的火车。

母亲这边日后再慢慢向她解释，眼下唐亮还有更紧急的事：赶在春播之前，把种植计划做出来。他回家时到家里的地边转了一圈，情况不容乐观：地有十几年没种了，早已长满了乱草；农用工具也只剩零星的几件，根本无法满足生产；人手呢，只有他自己和腿脚不便的大伯。除了以上难题，还有一件事他没多大把握：他从北京学到的 CSA 模式，不知应用在他的村庄可不可行？他决定把不同品种的菜都种一点，先试试。

唐亮家有 6 亩地，就从这 6 亩开始吧。现在他手里有工作时攒下的 3 万元，接下来的生产、生活全靠这些钱了，得省着点花。

从村里到镇上，当地人一般是步行或骑摩托车。唐亮买种子、菜苗、肥料非常不方便，因此他的农场很快产生了第一笔大额投入：一辆崭新的三轮车。唐亮坐在驾驶位上，撑开两臂扶住两个车把手，像一个威武的骑士。从此，买东西、寄快递、接送访客都是用的这辆车。除了三轮车，还有一样东西也至关重要，那就是网线。与父母那辈种了蔬菜就等人上门收不同，唐亮要把它们卖出去，必须有网线。

生产紧张有序地进行着，与此同时，唐亮发微博、博客介绍着自己的生态小农场。加上以前在北京认识的朋友，不久“亮亮农场”就积累了一群粉丝。有一家公益机构看到了唐亮的消息，他们和唐亮约定，“你只管种，我们帮你找顾客”。这下唐亮更放心了，他可以踏踏实实地去照顾好这一片未受农药、化肥污染的菜地。

到了 5 月、6 月，地里陆续有了产出，菜该开始卖了。没想到的是，与那家公益机构的合作黄了，唐亮只得自己搞定销售和配送。那时唐亮没有车，就自己坐公交车给城里的顾客送菜。有需要邮寄到外地的菜，他还得开三轮车送到隔壁镇，因为本镇没有快递点。

很快，唐亮发现 CSA 模式在他的农场不太行得通：“小毛驴”和分享收获农场都做蔬菜配送，但在他这里运输是非常困难的；况且蔬菜配送一年四季不能断，品种也要非常齐全，显然唐亮没有那么多人手来做这样的精细种植。

看来得想其他办法。唐亮把目光投向了那些耐运输、耐储存的品种。对了，小黄姜！这是他们当地常见的品种，经过了时间和市场的考验，而且方便运输。当年冬天，唐亮重新制订了种植计划：以小黄姜为主，以辣椒、花生为辅，形成稳固的产品金字塔。事实证明唐亮是对的。由于专门种植小黄姜的生态农场并不多见，产品供不应求，一些社区、学校、中药店都找唐亮订货。

在唐亮忙着搞生产经营时，他的母亲也暗暗留意着儿子的一举一动。唐亮把“不值钱”的蔬菜卖到 9 元、10 元一斤，这着实让刘晓兰吃了一惊。看来儿子说的不假。真要这么干也行，就让他在家干着吧。要不是城里能挣钱，哪个做父母的愿意孩子一成年就离自己远远的？唐亮在家能养活自己，母子俩又离得近，挺好。

这一年还发生了一件大事：唐亮的小伯回来了。小伯和大伯一样，腿有残疾，也没有成家。十几年前，小伯因为与家人发生矛盾，负气出走。他没有文化，又行动不便，找不到像样的工作，只好靠捡废品为生。中途小伯回家好几次，可每次一回家，必然会发生争吵。这个家是待不下去了，小伯一次次在悲痛中离去。这一次，他听说唐亮回来了，他的心里萌生出了一丝希望。他知道有唐亮在，有事可以一起商量，有不愉快可以很快化解，唐亮永远是那个温和而公正的人。

小伯回到家的那一天，三个男人百感交集，心里有很多话，却什么都说不出。他们将最大的热情投入生产中去：唐亮是主力，大伯帮忙除草，小伯则扫地、喂鸡鸭鹅。

一年很快在春种秋收中过去了，这一年唐亮的小农场有了雏形：地块上的杂草都除干净了，连接地块与地块的小路也修出来了；鸡舍翻建一新，又打了口水井，还添了割草机、电子秤、封口机、做豆瓣酱的坛子。这一年各种支出、硬件投入有 3 万元，而唐亮的卖菜收入刚好也是 3 万元，仅一年就达到了收支平衡。

快过年了，空气中飘着柴火和腊肉的香气，唐家人聚在一起吃饭：唐朝其和刘晓兰两口子、唐进一家三口、唐亮、大伯、小伯。这是多年来人最齐的一次团聚。

席间，唐亮不忘向家人介绍他的最新进展："明年我打算多种点姜，这东西耐储存，价格又上得去。我种的菜顾客很认可，以后会越来越好的……"

刘晓兰默默地听着。回家这几天，她去地里转了一圈，看到原本荒芜的田地被唐亮收拾得利利落落的；以前回到家萧条无声，现在那熟悉的鸡鸭鸣叫又出现了。她突然说："要不老唐和唐进明年就在家给唐亮帮忙好了。"

话音未落，父子三人都吃了一惊。当初唐亮回家刘晓兰是闹得最厉害的那个，现在她的态度倒来了个 180 度大转弯。

唐亮愣了一下，露出了平时常见的憨厚笑容："这是极好，这是极好！"

老唐本来在成都给人扫扫地、做做门卫，他巴不得回到家来。

唐进呢，刚结束上一份工作，正准备过了年出去找份新工作，若说在家和哥哥一起创业，也不是不可以。

就这样，短短一年内，在农场工作的从一开始的唐亮和大伯两个人，变为五个人。五个人组成一支强悍的队伍，他们除了种植，也加紧修建配套设施。小黄姜种出来了，得有地窖来存放；猪舍在地震中都歪斜了，得请人来把它扳过来；为了作物运进运出方便，路也得铺平、加宽……

四月中旬的一天，唐家的几个男人刚刚忙完生姜种植，正狼吞虎咽地扒着饭。

“现在家里人多了，我们还是把房子修一修吧。”唐亮说。

“对，是该修修了。”唐进附和道。

他们现在住的还是很多年前的土房子，只有两间卧室，五个人是挤了点。2008 年汶川地震在这栋房子上留下了几十厘米长的裂缝，但由于常年在外，唐家人没有精力去修补它，这条缝就一直留在那里，像一个没有及时包扎的伤口。

对于兄弟俩的提议，没有人不赞成。他们从亲友那里借了点钱，加上自己的一点积蓄，着手翻修祖宅。唐亮想好了，新房子将有两层楼，有七八间卧室，有一个能容纳老少三代人的饭厅，一个供聚会、闲谈的大客厅；一条可供休闲、遮雨、晒东西的长廊，长廊顶上做成花坛；要种一棵像瀑布一样垂挂的玫红色三角梅；窗户要修成拱形的，而不是常见的长方形……

这一年是唐亮最忙碌的一年：房子怎么修、买什么材料，是他在规划；农场种植自然不能落下；去一所华德福教育学校给孩子们上农耕课，这是事先答应的，不能不去；农场渐渐有了名气，访客要接待……这些事把唐亮忙得像陀螺一般团团转，一次他坐公交车去送菜，站着就睡过去了。

经过几个月的全力修缮，这栋不是村里最豪华，却是住人最多的房子从泥巴地上长了出来。为了节省费用，房子外墙没刷漆也没贴瓷砖，露出红砖本色，这是村里少有的。渐渐地，这红色砖房随着一群又一群访客的到来、随着一次又一次的网络传播，成了亮亮农场无可替代的标志。

新房落成，刘晓兰接到了儿子的电话："妈，你和小桥明天都回来吃饭吧，房子修好了，咱们好好庆祝庆祝。"小桥是唐进的妻子，此时她和婆婆一起一边照看麻将馆，一边照顾才一岁多的儿子。

刘晓兰站在这栋新修的两层小楼前，心里感慨万千。她完全没想到有一天这快要坍塌的土房能被重新翻修。更没想到的是，两个儿子本来都远在天边，现在都回到自己身边了。短短一年多发生的事，如梦境一般。

那是夏末秋初，暑气渐渐消散，坐在露天院坝吃饭最安逸。唐家老少八口人围坐在圆桌前，身后就是那栋拔地而起的新屋。新的环境、久违的团圆，这让他们感到彼此熟悉又陌生。

“妈，现在房子盖好有地方住了，你和小桥不如也回家来帮忙。”唐亮大着胆子说。刘晓兰其实早有回家来的愿望，但她没有马上表露出来。“再说，浩浩从出生到现在一岁多，天天跟着你们待在麻将馆，那地方人来人往，乌烟瘴气的，哪是小娃娃待的地方。”唐亮补充了一句。

这一说，唐进和小桥都看向刘晓兰。

“回、回家来当然好啊，只是，麻将馆怎么办？我开麻将馆还有点零花钱，回到家来我岂不是没了收入？”刘晓兰望向唐亮。

“这好说，咱们农场有收入，前期先给你每个月发500元，等步入正轨了再慢慢增加。”唐亮说。

没过多久，刘晓兰把麻将馆转让了出去，和儿媳妇以及小孙子回了家。

人齐了。

2 几只“刺猬”慢慢靠近：

全家团圆后，才发现“爱”需要学习

看着父母都住在家中，看着弟弟和弟妹相敬如宾，看着小侄子牙牙学语，看着大伯、小伯老有所依，唐亮心里涌起一种宁静的满足。他上一次感受到这种满足，是20多年前了，那时父母都在身边，他和弟弟无忧无虑地在玉米地奔跑，在稻田赶鸭子，在院子里把母猪生的小猪仔当宠物养。他今年28岁，在经过了漫长的期盼、路途遥远的求学和缜密的计划之后，他的愿望实现了。

唐亮没有预料到的是，这安宁的日子并没有持续多久。两只刺猬离得远时谁都不影响，但当它们挨在一起时，免不了相互伤害。

“喊你把粪淋了，人到哪儿去了！”

“我的事我个人晓得，要你管！”

“你晓得什么，我还不了解你！你是不是打麻将去了？”

“你还不是要打麻将，有本事你不打！”

“你还管起我来了……”

刘晓兰终究受不了和丈夫近距离相处的日子，每隔几天，她的怒气就席卷整个唐家小院，吵骂声连后排邻居都听得到。

每当夫妻俩吵完，空气中就笼罩着一层阴云，这阴云若没有及时散掉，它就会掀起另一场风暴。那天正吃着饭，一只碗飞到地上，“哗”的一声响。

“你还不得了了！”

“你欠削！”

父亲和小伯像华山论剑的侠客一样从座位上跳了起来，要不是大家拉住，或许他们真的要“一比高低”。

本以为事情过去了，没想到几天以后，他们又吵起来了，这次吵架的起因似乎是一个“眼神”。

“看啥看！啥意思！”

“我还不能看了？你想干啥！”

“你是毛屎坑打灯笼——找死！”

众人好不容易才把他们劝住。唐亮悄悄问大伯：“大伯，他们之间怎么回事？”

“有一年家里卖猪换来的钱不见了，我们推测是小伯搞丢的。那时候你爸爸压力好大嘛，你爷爷去世得早，奶奶身体也不好，全家只靠你爸爸一个人撑，他十几岁就出来挣工分养家了。钱丢了他着急呀，就怪罪你小伯。”

“那钱到底是不是小伯弄丢的？”

“这就谁也说不清了，都这么多年了。”

原来是这样，唐亮第一次了解到上一代人的恩怨。事情都过去了，谁对谁错也不重要了，现在要紧的是安抚他们的情绪。于是唐亮找父亲和小伯分别聊天，直到月亮攀上窗际。

十月，阵阵秋风吹散焦人的暑气，又一个忙碌的时节来临：小黄姜、红薯已经长得饱满丰硕，像幼儿园放学等家长接回家的胖娃娃一样，等着唐家人来采收。天色渐晚，当大伙正准备收工吃饭的时候，人们听到地边上传来一阵争吵——

“你要做你就留在这里做，我不管了！”

“翅膀硬了敢跟我这样说话！”

“跟你讲道理你不听，不要倚老卖老！”

原来是唐进和父亲发生了争执。

唐亮赶过去劝，没想到父亲的怒火顺势就烧向了他：“你说你开啥农场，要不是你我才不受这个气！你趁早出去找份工作吧！”妻子数落他，兄弟记恨他，儿子不赞成他，老唐为所有的怨恨找到了一个完美的原因——都是因为唐亮开农场。从此，只要心情不愉快，老唐就将铁青的脸色甩向唐亮，仿佛开农场是一件罪过。

所谓人言可畏，在家里闹得快掀翻屋顶时，村里又流传开另一个故事：大家都说唐亮年纪轻轻回来种地，肯定是在外面犯了什么错误。一时间各种猜测在村里蔓延。这些言论传到了老唐耳朵里，他更是气不打一处来，他受够了！平时和村里人一起干活，大家闲聊中谈到谁家儿子进了哪个单位，谁家儿子在城里买房，仿佛是专门讲给他听的，他越听心里越窝火。自家儿子“没个正经工作”，至于买房更是遥遥无期，他老唐简直没法在乡亲们中露脸了。现在一波未平一波又起，说什么唐亮在外面犯了错才躲到家里来，这叫他们唐家怎么在村里过日子！回到家，老唐正好看见唐亮在不紧不慢地用手机处理一些事务，抓住机会朝儿子大发脾气：“你莫看手机了，一个大学生不好好找工作，像什么样子……”

唐亮没想到回家开农场是如此艰难的一件事。他明明是为家里好，现在却成了众矢之的，他感到一种难以呼吸的沉重。

他打开院门，沿着乡村小道慢慢走入夜色中，不知不觉来到了牛角堰。牛角堰是全村的水之源，是鱼儿畅游的地方，是荷花开放的地方，是他童年游泳、钓鱼、赶鸭子的地方。清亮的塘水映着唐亮的身影，仿佛在朝他温柔地微笑。抬起头，天边的一轮明月像一位慈眉善目的菩萨，安安静静地看着他，等待这位年轻人平复情绪。

唐亮在这里站了许久，间或听到鱼儿跃出水面又钻入水中的声音。不，我不想离开这里，我也不希望爸妈再次离开这里，无论遇到什么困难，我都要把农场做下去。他看了看静谧的牛角堰，看了看一栋栋村屋以及窗户里星星点点的灯光，看了看长着野花和庄稼、满是青蛙和飞虫的田地，坚定了他要做的事。

从那天起，唐亮带着一腔热忱去游说，他要让每一位家人知道这个农场对全家人来说有着怎样的意义。他决定先从弟弟开始。那天晚上吃过饭，唐亮叫上唐进一起散步。

“唐进，你说我为啥要辛辛苦苦搞这个农场？你想啊，我们从小爸妈不在身边，我们遭罪，爸妈在外头也辛苦。如果我们不搞好农场，我们就得出去打工，我们的孩子就和我们一样又变成留守儿童了。”

唐进听了，心里一动。他想起了他的童年，也想到了现在正蹒跚学步的儿子。

“家里那么多人，难免会有磕磕碰碰，如果每个人都不退让，就没法干下去了。咱们是年轻人，如果与老人有不同意见，咱们就换种方式跟他们沟通，其实他们很容易满足。我们把农场经营好了，爸妈就有了养老的地方，我们呢，也没有了后顾之忧。”

唐进点点头。

开家庭农场有个好处，就是无论吵成什么样，该做的活儿还是会做完。农民已经把“尊重天时”刻进了骨子里，该播种的时候必须播种，该采收的时候必须采收。哪怕家人之间有天大的仇恨，哪怕老唐对儿子有烈火般的愤慨，他们绝不会就此扔下地里的活儿不管。亮亮农场就这样在纷争中跌跌撞撞地往前走。

那几天刘晓兰忙着挖生姜、挖红薯，颇感劳累。这劳累突然使她联想到了过去：那时一年到头脸朝黄土背朝天，付出所有辛劳，却养不活全家。出去打工，人家又只让你干流水线上最粗重的活。总之她过去当农民，无论走到哪儿都又累又挣不到钱，现在回到老家又做起农民了，这不是倒退吗？对物质短缺的恐慌和对农民身份的自卑，让她的心全乱了；再加上频繁和老唐吵架，她的脸更是蒙上了一层灰色。

那天吃完饭，她觉得身体里有一条火龙要冲出来，禁不住大喊：“你们哪个来把碗洗了！我是来伺候你们几个的吗！”

唐亮赶紧来安慰母亲。

“不做了，我还不如回镇上开麻将馆，做这些累死人，现在哪还有人要种地！”刘晓兰抱怨道。

唐亮听了，心里一动。他有那么多农业圈的朋友，他们为什么愿意种地？因为如今做农业和过去已经完全不一样了。他和这代年轻人眼里的农业是新农业，而父母对农业的认知还停留在几十年前。

“妈，这周六我正好要去市集摆摊，你和爸跟我一起吧。这几天你们辛苦了，正好去成都市里散散心。”

市集是指成都生活市集，唐亮返乡之后，和成都周边的新农人们发起了这个市集。农友们在周末带上自家种的糙米、玉米、黄豆、生姜、辣椒，手工做的红薯粉条、豆瓣酱、豆腐乳、米酒，还有洋甘菊纯露、手染包等，来与城里的顾客见面。这些食品和物品的共同特点是使用生态、无添加原料。

唐亮带父母去市集，不只是想让他们休息和散心，更希望父母能和其他农友、消费者多交流，好让他们知道农业其实还能换个方式做。

老唐夫妻俩到了市集，受到了热情的款待。“哦，你们就是唐亮的父母啊！你们儿子太能干了！”这待遇让夫妻俩感到他们仿佛不是唐亮的父母，而是什么明星的父母。他们不知所措地站在摊位上，看新鲜似的看着来来往往的市民。听说有的市民是开车一小时过来的，过去哪有人走这么远就为买点萝卜、白菜！再看看儿子，他正忙得不可开交，时不时有顾客来和他打招呼、聊天，还有个记者在采访他，也不知儿子从哪里认识的那么多人。

回来的路上，老两口回味着白天发生的一幕幕。儿子做农场，确实和他们那一代不一样了，从农作物的价格，到身份地位，都发生了巨大改变，他们似乎理解了儿子为什么愿意回家种地。

新鲜事还在不断发生。那日唐亮带回来一个客人，据说是从江西过来专程向唐亮取经的。这让老唐夫妇感到惊奇：过去他们在家种地，从来都无人问津，谁有兴趣来过问一个农民？

天南海北的访客不断向唐家小院涌来，唐亮趁机鼓励父母多与外人交流。夫妻俩从外人热切的目光中，感受到了他们在做一件被人尊重、被人肯定的事。这一年，亮亮农场的收入从第一年的 3 万元上升到 20 万元，除去 10.5 万元支出，还结余 9.5 万元。这些钱虽然不多，但够覆盖唐家一家八口人的吃穿。收入的增加更是给老两口吃了定心丸，从此他们很少再提不做农场、出去打工的事。

从第三年起，亮亮农场的田地开始逐渐扩大，从一开始的 6 亩地增加至现在的 30 亩地。小黄姜连续在同一块地上种会生病，因此必须找新的地。不过，这 30 亩地并不是全都用来种供售卖的作物的，唐家人还拿其中一部分种自己吃的粮食和蔬菜。

相比生产上的繁忙，让唐亮更头疼的其实是家人间的相互消耗。父亲和小伯之间依旧纷争不断，那天吵到最后，两个年龄加起来超过100岁的老男人都委屈地哭了起来。唐亮抱住小伯，让他哭个痛快；安慰了小伯，他又去安慰父亲。

唐亮会种不施农药、化肥的菜，会把小黄姜卖到全国各地，会设计便宜又耐用的房子，但对于如何化解父亲和小伯的矛盾，他尚未得到答案。他脑海中忽然闪过平日里那些学习传统文化的朋友。对，应该向古人讨点经验，中国人在如何维系家族、如何与人和谐共处方面，已经积累了几千年的经验。想到这里，他感到似乎有了出路，心安定了不少。

“离婚，当初瞎了眼嫁给你这么个人！”

“我早就想离了！今儿必须离！”

听到这声音，唐亮知道父母又吵起来了，他的心沉到了谷底。小桥看婆婆在忙就去厨房做饭，这时她听到争吵声，这个平时温柔大方、跟谁都不计较的女人终于按捺不住了，手里还拿着菜刀就冲了出去，吼道：“谁都别吵了，我嫁到你们唐家就是来听吵架的？”

当晚，唐家人吃了最沉默的一餐。

第二天，往常说笑不断的早餐餐桌也被一片沉重的乌云压住了，大家都不说话。吃完饭，每个人拿着工具，各忙各的去了。唐亮从来都干劲十足，要种什么东西、要修哪里的设施全都在他脑子里周密地计划着，眼下，他却不知道该干什么了。他拿起手机，翻了翻朋友圈，这时一个关于传统文化与养生的营吸引了他的视线。点开一看，内容非常适合父母去参加。

刘晓兰倒是不抗拒外出，平时唐亮带她去市集、去别人的农场、去分享会，她也算见过了市面。她只提出一条："你爸去我就不去。"

在父亲那里，唐亮得到了几乎一样的回答："你妈去我就不去。"

"妈，你想啊，过去你们迫不得已出去打工，受了很多苦；要是农场做不下去了，不但你们得出去打工，我和唐进也要出去打工。现在全家人都在一起，儿子、孙子都和你在一起，这么好的家别人羡慕都羡慕不来呢！你别老看到爸爸的缺点，他十几岁就被迫挣工分养家，没有机会读书，这一辈子吃尽了苦头，这样的人你忍心再让他受伤害吗？你应该多关心他、多安慰他才对。这次出去学习，正好学点养生，调理好身体，再者也给你们换个环境，就当出去玩，散散心。"

最后一句倒是打动了刘晓兰，在家一看到老唐就气得胸闷，不如出去走走。

相似的话唐亮又去和父亲说了一遍。父母总算是同意去了，不过他们一人背了一个行李，各走各的，谁都不理谁。

三天以后，唐家小院走进来两个人，众人惊讶地发现，原来是刘晓兰和丈夫，他们手拉着手，有说有笑。唐亮一看这情形，心里松了一口气。

在过去的 72 小时内，刘晓兰的心灵产生了巨大的震颤。营里的老师说，病由心生。她脾气暴躁容易生气，一有不如意的地方就发火，现在她正经受着自己的刻薄带来的恶果：她经常头晕、手脚发麻、胸闷……老师还说，修道人不见他人非，只见自己过。她回想过去几十年里，她永远只在丈夫身上挑毛病，从来没有意识到自己有问题。她没完没了的指责只会导致一个她最不想看到的结果：丈夫愈发软弱和无能。当她向老师哀叹婚姻的不幸时，老师告诉她要找对方的优点。她开始追忆与老唐最初的交往：他吃苦耐劳又负责任，他比她大 10 岁，他的成熟稳重让她放心地把下半辈子的光阴交给他。她用一种新的眼光打量着眼前这个 55 岁的老唐，心里升起一种爱恋的感觉；那感觉不是电光石火的爱情，而是经历了年年岁岁之后一棵老树对长在身旁的另一棵老树的爱恋。

晚饭结束后，唐亮拉着一家人聊天。大家虽是在同一屋檐下，但平时各忙各的，既熟悉又生疏。当晚，一向快言快语的刘晓兰分享了最近几天的学习心得。聊天结束时，众人都同意了一条准则：遇到问题先找自己的不是，而非挑别人的毛病。

后来，这样的聊天经常进行，它变成了唐家人的甜蜜时光，每聊一次天亲情就浓了一分。自养生营之后，唐家人开始经常出去学习、交流。成长，尽管这个词在农村不常被提起，但家人们确实感受到了成长带来的愉悦。他们本以为这辈子也就这样了，一个人的愁苦就是愁苦，不会消失；一个人的缺点就是缺点，不可能改变。现在他们知道了，只要你愿意成长，生活就会带给你新的奖赏：更和谐的夫妻关系、更亲密的亲子关系、更好的情绪和身体。

在一次聊天中，唐亮提出种花。他要把花和农场的经济作物种在同一块地上，这样家人们在地里劳作的时候就可以看到盛开的花朵。谁说做农业就是苦哈哈、惨兮兮的？花很快被种到了生姜地里。那个秋天，唐家人在万花盛开的时刻采收生姜。花儿们有的是番茄般的橙红色，有的是成熟的芒果般的金黄色，还有的则是柠檬般的浅黄色，整幅画面像凡·高在画普罗旺斯的干草垛时打翻了调色盘。

家人之间的分工合作愈发顺畅：唐亮是总负责人；唐进主管田间生产以及农机使用，小桥做他的助手；老唐干农活，刘晓兰做助手，同时她还负责饭食以及其他后勤事务；大伯除草，小伯喂动物。虽然争执难免发生，但它们就像夏日的太阳雨，很快便蒸腾消散。

3 跳脱消费主义：极简而自由的生活观

农场逐渐步入正轨，没过几年，这栋红色砖房添了新成员：唐进夫妇有了第二个孩子，是个女儿。这九个人的大家庭受到了很多人的关注，大家不断打听：你们一年挣多少钱呀？这么多人够花吗？

唐亮总是很愿意分享农场的基本情况：目前农场面积 30 亩，其中种植面积约 24 亩，多年保持这个规模，没有再扩大。农场有三种明星作物：小黄姜、辣椒、花生。小黄姜 25 元一斤，辣椒干 10 元一两，花生仁 32 元一斤。此外还有一些蔬菜、大豆等，胡萝卜和萝卜都是 10 元一斤，红薯 9 元一斤。

农场的菜价虽然比市场上普通蔬菜高不少，但由于种植面积小、参与分配的人又多，每年分到每个人头上的钱并不多：农场一年营业额 30 多万元，除去生产、销售成本和农场硬件投入，剩下的钱用于分配，平均每个人每个月领 2000 元左右。

光看数字，这收入太少了。不少人忍不住向唐亮建言献策，有人说："你把家里修一修，做成农家乐多好。"唐亮回答："做成农家乐，家里天天人来人往的，这还是我们家吗？"还有人说："你怎么不种点经济价值更高的作物，或者养点经济价值更高的动物……"这些建议也被唐亮否决了，因为唐亮从来不把"挣很多钱"当成最重要的目标。有个卖别墅的人曾经对唐亮说："等你的菜卖得好了，挣了钱来我们这儿买别墅。"唐亮微微一笑，回答："我现在住的就是别墅。"

亮亮农场的名气越来越大，连村里领导也劝他们把规模扩大。但唐亮知道，在规模扩大后，原先的"家"会变成"公司"，原先的"家庭成员"也会变成生产部、客服部、营销部的"工作人员"。不，这不是他想要的。

在收入的诱惑面前，唐亮严格遵守一个原则：以家业为重。家业，不是创业，也不是产业，它是一种以全家人的需求为考量、以子孙兴旺为愿景的形态。唐家这样的家族意识，可以追溯到 300 多年前的清朝。那时，四川经历了战乱的洗劫，人口凋敝，满目疮痍。《四川通志》中记载："蜀自汉唐以来，生齿颇繁，烟火相望。及明末兵燹之后，丁口稀若晨星。"清政府在统一后，施行了一系列"填四川"政策，主要是鼓励外省移民入川垦荒，如规定“凡愿入川者，将地亩给为永业；各省贫民携带妻子入蜀者，准其入籍”等。唐氏祖先就是在这一时期从湖南永州入川的。他们老老少少一行人，带着种子、工具、防身武器，迁徙1000多公里，在牛角堰附近安顿了下来。那时，人们的思维方式与现代人迥然不同，他们并不考虑挣多少钱、谁来发工资，他们考虑的是家业长存。唐亮决定沿袭祖先的传统，以家族和睦、老少安康、吃住健康为重。

关于收入和生活，唐家人有另一种计算方式：他们吃的基本都是自己种的有机食材，按照市场价换算，价值10万元；住的是自己的房子，无房贷；整个大家庭共用一台车，全款买的，无车贷；在日常消费上，他们不需要买很多衣服，也没有什么上班通勤交通费，更没有过多的旅游需求。

大多数人沉浸在“消费至上”和“物质至上”的迷梦中，理所当然地认为在城里开小汽车必然比在乡下开三轮车更体面，吃进口三文鱼必然比吃豆腐更高端，穿新一季的名牌服装必然比穿不知名的棉麻布衣更时尚。他们不断地工作，再不断地消费，全然忽略了在这个过程中所付出的身体代价、心灵代价和环境代价。

导演周晓文在1994年的电影《二嫫》中，讲述了这样一个故事：

北方山村卖麻花面的女人二嫫决定存钱买一台全县最大的电视机。为了买这台县长都买不起的电视机，她通过卖麻花面、编筐、打工等各种方式筹钱。过年时，二嫫把电视机买了回来，但她却因劳累不能下炕，和电视机一起成了村里的“展览品”。

30 年过去了，“二嫫”的故事不但没有停歇，甚至愈演愈烈。年轻的姑娘们非要买贵妇才用得起的包和面霜；男人们非要买富豪才开得起的豪车；某品牌的新手机一上市，大家排着队争相购买……唯一的区别是，如今人们不必像二嫫一样去卖血，而是换了种更便捷的方式：贷款。

唐家人在这场物质狂欢中适时而退，他们打破了“必须挣很多钱、买很多东西才能过上好生活”的思维定式。

即便是城里人非常担忧的医疗和教育，他们也想办法用少花钱的方式解决。吃得健康，住的环境好，精神状况好，生病的概率就大大降低。世界卫生组织曾指出，在影响健康的因素中，生活方式占 60%。唐家人积极调整生活方式，相当于间接降低了对医疗系统的依赖。他们还参加多种健康养生营，身体也逐渐有了变化。刘晓兰原先患糖尿病，小伯患有胃病，对于疾病他们过去是被动的，只知道在得病以后才采取措施，而唯一的措施就是吃药。现在他们学习了饮食常识，学习了情绪对身体的影响，目前两人都不再一味服药，只适当调理就能维持身体状况的稳定。

做农业的人最怕天灾。干别的工作或许能把进度最大限度地控制在“人”的手里，但农业的控制权一大半在“天”，出于这个原因，很多人对农业望而却步。2022 年，亮亮农场遭遇了川渝地区 1961 年以来的夏季最高温。太阳毒辣辣地烤着大地，雨水被烈日吓退，还未落到地上就早已蒸发不见；水库干涸，河流断流。地里的作物一天比一天焦黄，有的已经没有了生命气息。唐亮一遍又一遍地刷着天气预报，但期待的降雨迟迟不来。农场最重要的经济作物——生姜，正在经受严峻的考验——由于气温过高，若给它们浇水，它们会死得更快。唐亮紧急给生姜架起遮阳网，还算有点效果。往年的秋季是唐家人挖姜的忙碌时刻，今年挖出来的多是死姜、坏姜，减产 50%。乐观地想，他们至少还收获了 50%——同村有的农户绝收。这不得不归功于他们的生态种植方式：长期施用有机肥，土壤结构好，保水好；加上他们每年休耕，给了土地足够的时间修复，所以种的作物抵抗力强。

相较于大规模单一种植的农业，家庭小农场的种植多样性使得经营更稳定和可持续。那年虽然生姜受灾，但辣椒却未受影响。加上他们没有贷款和负债，短期的损失不至于给这个家庭带来巨大的现金流压力。

无论是连续阴雨，还是极端高温，地里的作物都会给出产量上的反馈。农业的特性使得唐亮一家更加敬畏自然，也更加珍爱赖以生存的土壤、河流、树林。他们一边调整种植结构以应对气候问题，一边深入践行环保低碳生活。他们的食物里程极短，消费极少，生活却幸福和乐。有人说，“如果世界上所有人都按美国人的标准生活，那么需要5个地球的资源才能实现”。那么，如果世界上所有人都按唐亮一家的方式生活，恐怕大家就不必为农药、化肥导致的癌症、消失的原始森林和被污染的海洋操心了。

2020年10月4日，农历八月十八，唐家小院迎来了一个重大喜事：唐亮和栗子结婚了。婚礼前夕，两位乡村新青年早已做好决定：他们要举办一个节俭、环保、有趣的婚礼。他们取消了市面上常见的开支，如婚礼策划，场地租赁，聘请主持人、化妆师、摄影师……取而代之的是自己的巧思：场地就是自家的院子，食物来自自家农场及周边农友的产出，酒水是自家酿的米酒。他们鼓励素食，除了荤食厨师，还专门请了一组素食厨师。婚礼背景墙采用自家的屏风，上面贴上朋友写的“囍”字；宾客的伴手礼用牛皮纸袋装进喜糖、喜碗、有机棉毛巾；进门处的婚礼流程表是新娘用粉笔手绘的，桌牌则是新娘将过去画了湿水彩的纸裁开，再用熬的米糊粘牢做成的三角立架。他们向宾客提倡垃圾不落地，甚至把垃圾分类小游戏设置为婚宴中的一项娱乐项目；他们在洗碗池旁放了米糠，让宾客用米糠洗碗，洗过碗沾了油的米糠则可以用来喂鸡喂猪。他们设计了一系列不太花钱却别有趣味的传统中式小游戏：套圈、摸“囍”字、投“囍”壶、绘画、品茶、写字，奖品则是自家农场的豆瓣酱、小黄姜、花生，农友做的手工皂、唇膏，朋友做的微景观盆栽，本地榨油厂买的菜籽油，还有文具、小玩具……

婚礼当天，新郎新娘穿着中式红色礼服出现在众人的面前，他们头上戴的花环和手上拿的花束，是用田间现摘的鲜花做成的。

这场婚礼来了 260 多位宾客，总花销是 3.6 万元。

唐家人已经学会了用创造、用乡土社会中的便利和大自然中的宝库代替当下社会中必须用金钱才能换取的欢愉。结婚一年后，两人的儿子呦呦出生。在农村，孩子的教育怎么办？为此夫妻俩想出了一个成本低但质量不低的办法：在家上学。

4 在家上学：农场是没有围墙的学校

农场是没有围墙的学校。呦呦从小跟着家人播种、收获；他在春夏之交去采集自然的馈赠——树莓，像一只饥饿的小狐狸一样站在树莓丛前一口接一口地吃了起来；他挖胡萝卜喂羊，说小羊不喜欢吃胡萝卜，但喜欢吃胡萝卜叶；他和大人一起收麦子、用风车吹麦子；他跟着母亲去粮食加工店磨糙米；他在豆子收获的季节学习磨豆浆、做豆腐；他在村里道路施工的时候一大早就跑到工地边看……

看着呦呦像海绵一样吸收着乡野中的一切，夫妻俩无不感到欣慰。本来唐亮犹豫着将来是否送儿子到镇里上幼儿园，现在已经完全打消了这个念头；农场里有学不完的东西，怎么也比把孩子关在四四方方的教室里强。至于栗子，她过去本来就是一所华德福小学的老师，别说是同意让儿子在家上幼儿园，就是在家上小学，都不是难事。关于初高中，夫妻俩决定到时候再看情况，也许上公立学校，或者到其他生态村继续接受私塾式个性化教育。

作为母亲，栗子不像城里一些妈妈那样为孩子“输在起跑线”而焦虑，她坚定地认为让孩子去体验、去感受、去劳作，才是更合理、更科学的教育。这个“教育真谛”不仅源于她多年的工作经验，也来自她幸福的童年时光。

栗子小时候玩得很多，上学又很晚，这使她在学课本知识时一看就会。由此她知道了“体验”对孩子的重要性。大学毕业后，栗子接触了华德福教育和人智学，更系统地明白了人的学习过程：先是身体去体验，再是心灵去感受，最后才是头脑去思考。“如果一开始就教孩子用头脑去思考，这就把孩子窄化了。本来孩子可以用整个生命去感受天地自然、乡土社会，而早早地用脑，学到的只是一堆符号。就像本来是吃食物，却吃到了一堆石头。”栗子指出了她认为当下教育存在的问题。

“可是这么多农村长大的孩子都不缺体验，其中有的人就‘学废了’，这点你怎么看？”我问。

“这主要是我们对人才的评价标准太单一了。人有多元智能，很多所谓‘废掉’的其实并不是‘废掉’，只是我们认为他废了。

家长不正确的认知，会给孩子带来很多压力。我有个和我一起长大的表弟，小时候在班上我成绩是正数第一，他是倒数第一。但是你看他对生命也有独到的理解。包括我弟妹小桥，她也没有读很多书，但她的生命状态和人格状态就很好。”栗子说。

“你和唐亮属于上的大学都还不错的人，所以说话有底气，可万一你们的孩子真的不如你们，没考上那种‘不错的大学’，你接受吗？”我接着问。

“他也不一定非要考大学啦！”她脱口而出，“现代人之所以这么‘卷’，是因为对职业做出了太多高低贵贱的分别。但是每个人在不同的地域生活，从事不同的职业，都有很丰富的内在，那个内在的部分才是最核心的。”

和大多数母亲一样，栗子对于生不生二胎产生过纠结，直到有一天，她去马来西亚拜访了一对夫妇——何婉菁女士及其丈夫黄田环先生。他们是马来西亚一个有机农场的主人，这对夫妇不可思议地生了 7 个孩子，这 7 个孩子全都在农场长大、在家上学。他们的大女儿通过很短的时间自学备考，考上了马来西亚的重点高中，还拿了全额奖学金。栗子问：“这些孩子的数学、识字、阅读是怎么解决的？”婉菁回答：“我也没教他们怎么识字，他们自己就会了。”

“婉菁的孩子从小跟着父母在农场学习，他们家建了两栋夯土房，还盖了很多树屋，房子里的家具也得自己做、自己打磨，孩子们每一天都在接触真实的生活、生命，都在很细致又很完整地体验。老师讲的东西他们都用自己的身体体验过了，当身体已经理解时，大脑就很容易理解了，所以学起来很快。婉菁的大女儿无论考多少门课，成绩都是 A+。”栗子说。

马来西亚之行打消了栗子对于多生孩子和在家教育的疑虑，她放心大胆地给儿子设计了各种课程。呦呦 3 岁以后，栗子在日常劳作的基础上增加了经典诵读的内容，并设置了每日的活动主题：周一清洁日，这一天呦呦要清洗书包、鞋子等物品；周二手工日，根据季节做一些手工，比如在无患子结果的时节，呦呦就和妈妈一起捡果子、做无患子皂液；周三水彩日，建立对色彩的真实感觉；周四远足日，呦呦在路上采摘野果，也会捡到一些不寻常的东西，比如一只死去的小鸟，这是一场森林奇遇记；周五烹饪日，学习将农场的产出做成美食，品尝食物的原始味道……

这种“不学什么知识”的课堂足以让那些为孩子立下“考名校”宏愿的家长感到紧张。但你若读过韩少功的《山里少年》，你也许会另有想法，作者写道：

“如果你在这里看见面色苍白、目光呆滞、怪癖不群的青年，如果你看到他们衣冠楚楚，从不出现在田边地头，你就大致可以猜出他们的身份：大多是中专、大专、本科毕业的乡村知识分子。他们耗费了家人大量钱财，包括金榜题名时热热闹闹的大摆宴席，但毕业后没有找到工作，正承担着巨大的社会舆论压力和自我心理压力，过着受刑一般的日子，但他们苦着一张脸，不知道如何逃离这种困境，似乎从没有想到跟着父辈下地干活正是突围的出路，正是读书人自救和人间正道。他们因为受过更多教育，所以必须守住自己的衣冠楚楚的怀才不遇。”

学校教育可能带来“知识”，也可能存在不足。孩子们本可以在丰富的世界里尽情创造，但如果失掉了“动手做完一件事”的意志力，他们纵使“满腹经纶”却也“无所事事”。如果你学过投资，你对“风险对冲”和“别把鸡蛋放在一个篮子里”这样的概念想必不陌生。为了“收益的稳定性”，聪明的投资人最好一边让孩子读着书，一边让孩子去玩耍、洗碗、刷鞋子、做木工、造房子、卖东西……将来，若孩子考上了名校却没找到满意的工作，他随时可以走出象牙塔，在更广阔的天地创造出已知世界里没有的东西。

唐亮夫妇的“在家教育”或者说“农场教育”，也许正是更符合人性、更能让孩子应对瞬息万变世界的教育。

随着呦呦的长大，独自玩耍已经不能满足他的社交需求，夫妻俩开始为他寻找更多的伙伴。他们发起了互助育娃招募，寻找志同道合的家长和孩子加入。当然，这不是一件容易的事，因为并不是所有家庭都有条件把家安在这个村庄里。

与此同时，夫妻俩还设计了大量儿童活动，这给农场带来了不错的收入，也给呦呦带来了很多新伙伴——在周末举办遵循二十四节气的农耕食育课，在劳动节假期举办喂养动物、捡鸡蛋、做堆肥的亲子生活营，在国庆假期举办诵读经典、下田劳作的耕读营，在寒假举办炒年货、剪窗花的年俗营，还有生态泥土建筑营造营、面包窑建造营等。就这样，这个坐落在四川金堂县牛角村的小农场，既满足了唐家人对干净食物的需求，又安顿了老年人，还为孩子撑起了一片成长的天空。

5 大同理想：

从生态家庭到生态村庄，我找到了使命

在唐亮家忙着搞田间生产和家庭建设时，村庄中的其他人也在悄悄观察着这一大家子的一举一动。他们很快知道了唐亮种的菜，价格卖得不错；也知道了他们家是祖孙三代人共同生活。村里其他家庭大部分就老夫老妻两个人，如果有一方出去务工或者去城里帮忙带孙子，那么偌大的房子里只住一个人的情况也不少见。看着唐亮家人丁兴旺，生活美满，村民一开始的误解慢慢消融，他们不再认为唐亮是犯了错误才回到农村的。唐亮成了村里的名人，如果你想去拜访唐亮但找不到路，问村里任何一个人，他们就会朝唐亮家的方向一指，说："那边！"

而随着唐亮一家一年一年地在村庄里生活，他们对村庄产生了更深厚的感情，就像一棵大树对它所在的森林的感情。过去，村庄只是"老家"，是一年偶尔回去看一眼的地方；现在，村庄

是他们真正的“家”，是日出而作、日入而息的地方，是闲谈、聚会、过节的地方。

刘晓兰从镇上回到自己家之后，愈发找到了后半生的归属，她在村里组建了文艺队，这得到了儿子、儿媳的热烈支持。12 月的一天，正处农闲时节，唐亮背上了打草机，其他人则拿上锄头、耙子等工具，包括呦呦在内的老少一群人来到路边一块坝子上，他们把这块荒地清理出来，给村里人跳坝坝舞。本来只在村里熬日子的中老年孃孃，这下有了乐事，她们一跳起舞来，心情好了，身体也健朗了。

看着刘晓兰和村里人的笑脸，唐亮和栗子感到自己有了更大的使命，那就是建设生态村。土地应该是生态的，人和人的交往应该是和谐的，村庄应该是温暖的。实现这个愿景对他们来说，不是件易事，但那又怎么样呢？人应该为希望而活，为意义而活，不是吗？

先从能做的做起。栗子发起了阅读美育公益活动——村里的大人应该读书，村里的孩子也应该读书。她一家一家地邀请在村里居住的年轻母亲和小孩子。一开始，女人们是抗拒的，手里本来就有干不完的活儿，哪有这工夫！再说，自己本来就不善读书，去参加这种活动，多闹笑话！

大人来不了就让孩子们先来。栗子和小桥两个人，带着几个小娃娃，把第一次阅读美育活动做起来了。做了几回之后，她们的阅读室突然来了个新面孔，是村里的一位年轻母亲。

“你不是要干活儿吗？”

“活儿永远干不完，还是陪孩子读书要紧。”

那一刻栗子感受到了强烈的价值感。她甚至印了小传单，向村民宣传这个公益活动。在一次活动中，她带着孩子们创作了很多图画；活动结束后，她让孩子们把这些色彩斑斓的画作送到村里老人手里。阅读、艺术、儿童、老人在这一刻发生了奇妙的联结。栗子享受这种联结，每当她身处孩子们中间、身处乡村社区中间时，她就觉得生命丰盛无比。

在与村民的接触中，栗子感到乡村女性虽然在教育、生态、生计中发挥着重要的作用，但她们是卑微而不被看见的群体。在绿芽基金会的支持下，她开始与这个群体进行更多的交流。那年三八妇女节，栗子和村里的女人们一起开茶话会，席间她问：你觉得你的特质和优点是什么？这个问题把一些人问住了，大家平时忙着照顾家庭、照顾田地，从来没有想过自己。在栗子的启发下，大家陆续写下了自己的答案：勇敢、明事理、爱唱歌、爱吃、有主见、包容……一种温暖的能量在女人们中间升起，正是这股力量推动着村庄一点点发生改变，哪怕每次改变都很微小。

又是一年元旦，往常村民们随随便便就把这一天打发了，这次栗子决定和大家一起好好迎接新的一年。很久以前栗子就看中了村庄小学那块场地。现在孩子们都去镇上、去城里上学，村庄小学就废弃了。这么好的地方应该用起来，今年的元旦活动可以在这里办，以后别的活动也可以在这里办……她去找村委说明来意，接待她的干部早就知道唐亮一家，所以场地很快被允许使用。栗子、小桥以及其他几个志愿者把这个废弃了十几年的村庄小学好好打扫了一遍，将垃圾、杂草、灰尘一一清理。元旦当天，现场来了几位村民，他们中有满地跑跳的孩子，也有牙齿掉光、步态颤巍、平时极少走出家门的耄耋老人。大家表演才艺、包饺子、烤红薯，村庄很久没有这么热闹过了。而这座被人遗忘的村庄小学也有了新的使命——它将成为牛角村的公共文化空间。

这次的聚会以后，一条看不见的纽带将全村人更紧密地联系在了一起。大家在这里有了更多的幸福感，平时见面也绽放出了更真诚的微笑。元旦过后是腊八，栗子和村里老小一起支起一口大锅，准备熬腊八粥。木柴燃起的火苗滋滋地舔着锅底，大米、小米、红豆、黑豆、绿豆、核桃、花生、红枣等食材被哗啦啦地倒进锅里，它们中的每一样都是精挑细选的，象征五谷丰登，吉祥如意。锅里的腊八粥开始咕嘟咕嘟地冒泡，热气升腾，香味四溢，整个村子仿佛都被这份温暖和美好包围。腊八过后是春节，春节过后是元宵节……在固定的时间里固定地相聚，这成了全村人在寡淡无味的日子里心心念念的期盼。

节庆活动是黑夜中一闪而过的烟火，当烟火熄灭，黎明来临时，生活中的各种挑战又被推到了眼前。返乡之初，唐亮就注意到过去几代人赖以生存的村庄正受到严重的威胁：田间地头随处丢着除草剂、农药的空瓶子，它们像是犯罪分子遗落在现场的匕首一样让人心寒。有一回，唐亮在一个小蓄水池里发现了好几只被农药毒死的青蛙。

“能不能让当地人都改成生态种植呢？”这可能是所有从事生态农业的人都有过的美好理想，但现实世界中却存在各种各样的阻碍。

当唐亮劝说村民不施农药、化肥种地时，他们第一反应是“不行”。

“我都种出来了，你们也能种。”

“你是学过的，我们不行。再说种出来卖给谁！”

销售确实是个问题。唐亮不是没考虑过帮村民代售，但他的销售能力也有限，农场自产的作物勉强能卖，再多就卖不动了。再说，就算卖出去了，村里人挣了钱第一时间想到的是去城里买房，而不是留在村庄。

唐亮夫妇明白，世界不会在一天之内彻底翻转，他们要像移山的愚公那样，既要有强大的信念，也要有小而具体的行动。他们把“建设生态家园”这个大目标，分解成了很多小目标，比如教村民做环保酵素，普及垃圾分类知识，邀请村民聆听有关“全域有机”的专家讲座……

在积极与村民沟通的同时，唐亮也在寻找“新村民”和“新农人”。与传统农民比起来，新农人能更快地学习有关生态农业的知识，还有很强的自我营销能力。唐亮把这个计划叫“乡村合伙人”，就是招募共建牛角堰生态村的伙伴。不过，这同样不是件易事。最开始来了一对夫妇，兴致盎然地想过乡村生活，不过，很快，他们就意识到这不是他们想要的，最后选择离开。后来又来了一位新伙伴，这位伙伴倒是能接受牛角堰的环境，但一个人想要在乡村找到自己的定位和道路谈何容易，因此他还在探索和规划的过程中。

唐亮夫妇并不着急，他们早就做好了心理准备，这是项长期事业，无论过程和结果如何，他们都会坚持。从一个小小的心愿，到一步步地付诸行动，再到看见一星半点的结果，这个过程需要时间，更需要机缘。

需要做的事情很多，唐亮和栗子都是超级大忙人，但无论做什么，他们都永远把家庭放在第一位。一家人已经在同一屋檐下生活 10 年了，但这不代表家庭中的矛盾和分歧会像被魔法棒点过一样永远消失。即便是现在，问起唐亮今后的打算，他仍然把家风建设当作重点之一。维系一个幸福的家就像养一株植物，你不能指望只浇一次水、施一次肥就能一劳永逸，而要不断地用养分浇灌它，用阳光照耀它。

家中的成员们在这些年共同的工作生活中渐渐找到了自己的成长节奏：2020 年，只有初中学历的唐进再次走进校园，三年后他拿到了“农业装备应用技术”专业的大专毕业证书；刘晓兰，这个 50 多岁的农村女人学会了自己报名去外省参加学习班，唐亮开车把她送到车站，目送她背着包远去的背影，一如小时候上学母亲望着他渐行渐远的背影；小桥，这个原本只会打工的姑娘，在唐家大家庭中看到了自己的优势，她善良、柔和、乐观，她爱做美食，她和栗子一起举办阅读美育活动、组织村里的庆典活动，并在农场的亲子活动中担任了孩子们的食育生活老师。

感恩天地滋养万物；

感恩父母养育之恩；

感恩老师精心教导；

感恩农夫辛勤劳作；

感恩厨师准备饭菜；

感恩所有付出的人；

愿天下所有人都没有饥寒；

大家请用餐！

这是唐家人的饭前感恩词。有什么比感恩更有力量呢？当你学会感恩的时候，无论你身处什么样的困境，你总能看到一抹金光。年年岁岁，唐家人每天围着餐桌念诵这些句子，它们像一条柔软的丝带，将过去的伤痛逐渐抚平，把老少一家的心轻轻地连接在一起。

“大道之行也，天下为公，选贤与能，讲信修睦。故人不独亲其亲，不独子其子，使老有所终，壮有所用，幼有所长，矜、寡、孤、独、废疾者皆有所养，男有分，女有归。货恶其弃于地也，不必藏于己；力恶其不出于身也，不必为己。是故谋闭而不兴，盗窃乱贼而不作，故外户而不闭。是谓大同。”亮亮农场的公众号里写着《礼记·礼运·大同篇》里的这段话，这是2000多年前古人的理想，也是今天唐亮等新村民的理想，或者说是人类共同的理想。

全家人生活在乡村、不买房、低消费、孩子自己教，这些生活方式表面上看非常另类，与如今的社会主流格格不入，但事实上，他们不过是在追求人类社群自存在以来就在追求的东西：老幼健康、家庭和睦、社会和谐。无论身份如何，人们的追求与生活在四川乡村的唐亮一家未必有太大不同，大家终究是殊途同归。

以上也是我写作整本书的立足点：回归乡村只是手段，不是目的，重要的是通过这些人物故事，我们可以更好地觉察当下的社会问题，并勇敢地去创造更美好的生活。

CHAPTER FOUR / 第四章

我是谁：找回丢失的身份

1 拒绝被同化：一个“北漂人”的挣扎

这个时代变化太快，以至于人们来不及搞清楚自己是谁、身处何方。于建刚本是农民的儿子，可如今他在北京这个国际大都市的写字楼里做白领。那么，自己到底算农民，还是算白领？这是一个问题。

若算农民，他不敢这样坦然承认，因为从小母亲就一遍遍叮咛：“不要做农民，要做城里人”，仿佛农民这身份应该尽快丢掉。他时常感到难以言表的压抑和自卑，就是这出身给他带来的。

若算白领，也不对劲，这身份让他像穿了件不合身的西装一样感到浑身不自在——他并不能如其他青年一样全身心地拥抱都市生活，别人去酒吧、去商场、去 KTV，他没有太大兴趣，宁可去爬山或者泡图书馆；别人张口闭口英文，他虽然也会，但从他嘴里说出来就不是那个味儿；别人要么是某知名艺术评论家的儿子，要么是某知名演员的儿子，可在卧虎藏龙的公司里，他只是个农民的儿子……

于建刚供职的公司叫奥美，广告行业的旗舰。他入职那年正好赶上2008年北京奥运会，22岁的他进公司服务的第一个客户就是奥运会的指定合作伙伴品牌。这份工作固然有一件美丽的外衣，但它没能在于建刚心底的一汪湖水中掀起波澜。

在这世界的某个地方，一定还有些别的事等着我去完成，他想。

他决定先从自己的爱好开始：做纪录片。他向公司请了一周的假，去参加一个纪录片工作坊，费用3000元。但学完以后，他发现独立纪录片制作人是个非常不容易的行当，只好知难而退。

既然影视制作门槛高，那动笔杆子总容易多了吧？他看上了《三联生活周刊》的口述历史栏目。通过各种方式联系到了周刊的人，结果被告知他们不招人，即便是实习生也已经有6个。再说，那时于建刚已经工作了2年多，重新去做实习生也不合适。有人提了个“曲线救国”的建议——先去做时政记者，但于建刚非口述历史不做，最后他放弃了做记者的想法。

心仪的职业终究是没找到，而现有的工作又日渐枯燥无味，于建刚越来越焦躁。这样下去如何是好？他突然想起以前公司培训时，有个做职业规划的导师，联系后发现，对方要收费，同是3000元。这次于建刚不想再出钱了。后来，他在职业规划的网站上找到了一位华裔马来西亚导师，这位导师正在考证，需要积累一定的咨询时长，因此免费。于建刚和他聊了整整半年，还是没能解决职业问题。

要不回老家去？于建刚被这念头吓了一跳。回家做点啥好，做外贸、做撰稿人、开淘宝店？这些事听上去固然不错，可真的要实践起来，他却不知从哪里迈出第一步。

苦闷到达了顶峰。他越来越无心和朋友出去玩，一头扎进了书的海洋。中关村的国家图书馆帮于建刚消磨了一个又一个周末。

那天，他鬼使神差地从书架上拿起了费孝通的《乡土中国》，那一刻，年久尘封的命运转轮终于松动了，它吱吱呀呀地、缓慢地转了起来。阅读完这本书，于建刚多年来积压的心理包袱，像一个成熟的脓包，被针一戳就“哗”地泄掉了。

于建刚感觉前所未有地释然。

他生在浙江桐乡一个叫正河浜的单姓村落，村里人都姓于。他从不知名的村庄小学和不知名的初中一举考上重点高中，进而进入“985”大学。那时，包括他自己在内的所有人，都认为好的出路应该是远离家乡，到大城市去。每当他想回过头从家乡寻找点什么时，耳边总响起母亲重复过一万遍的嘱托：“不要做乡下人，去做城里人。”长此以往，这成了隐隐的心结。过去，他有意无意地把自己的出身隐藏在隐秘的角落，不许别人触碰，也不许自己回望。他一直以为，农村和农民是应该在时代大潮中被丢掉的东西。可是《乡土中国》给了他别样的视角，给了他无尽的安慰。

农村的“土气”、农村的“愚昧”、农村的“因循守旧”在《乡土中国》里得到了一种学术性解释。作者指出：“乡下人到城里不懂交通规则，这不能叫‘愚’，只是知识问题，不是智力问题。否则的话，城里人去乡下把玉米苗认作麦子，也叫‘愚’了。”于建刚想起了他的母亲。母亲不识字，但决不能认定母亲是“愚”的。这个女人知道怎样把蚕卵变成蚕茧，把蚕茧又变成丝，再用丝纺线，将线织成绵绸，这些技能城里人可不会。

于建刚突然找回了自信——农民和城里人，只是所在环境不同造成能力不同，二者没有高低贵贱之分。更让他狂喜的是，他发现了世上竟有“社会学”和“人类学”这样的学科，研究这些学科的人，可以大大方方、光明磊落地深入乡土世界、认识乡土世界，而不用像做了亏心事一样躲躲藏藏。于建刚觉得身上的每个细胞都跳起了狂欢的舞蹈，每一滴血液都在庆祝今天的新发现。

他按捺不住激动的心情，把《乡土中国》看了又看，把该书作者——费孝通的名字深深印在心里。之后，他又了解到了黄宗智、梁漱溟、赵冈、温铁军等相关学者。处在职业探索期的他，忽而有了一个新方向：做一个学者，一个观察中国乡村的学者。

可是，相同的问题再次出现：有了方向以后，从哪里开始第一步？

春天，万物复苏，于建刚就像“嗡嗡”的蜜蜂一样，急着想飞出去，却不知该往何处飞。晚上下班后，于建刚躺在床上刷手机，突然，他从床上弹了起来：温铁军教授，这个当代的三农专家，做了一个叫“小毛驴市民农园”的农场，农场在招收实习生。这个农场就在北京，和他在同一个城市！于建刚仿佛能听到自己胸膛里怦怦的心跳声：如果去这个农场，和自己的目标不就近了吗？

冷静了一会后，他又觉得去农场做实习生和在家乡做外贸、开淘宝店一样，都不太现实。毕竟他现在已经工作了三年，刚在公司站稳了脚跟，怎么能丢下工作去做这些虚无缥缈的事呢？于建刚强压住自己想去农场的冲动，第二天装作若无其事的样子去上班。

越是不去想，和小毛驴有关的新闻越是铺天盖地而来。就像减肥的人越是忍住不吃，越是能看到满大街煎饼馃子、肉夹馍、麻辣烫。今天看到央视新闻，明天看到《三联生活周刊》，后天是《北京晚报》，一时间仿佛全世界都在讨论北京郊区这个叫“小毛驴”的农场。

在“继续工作”和“去农场实习”之间，于建刚煎熬了两个月。他加了“小毛驴”的名誉园长石嫣的QQ，向她问了各种问题，最后他直接问：“做农场一年能挣10万元，给我养家糊口吗？”“可以。”石嫣干脆地回答。

这下，于建刚知道接下来该怎么做了。对回归乡土的渴望战胜了对未来不确定性的恐惧——从哪里来，就回哪里去。他于建刚，是农民的儿子！

午夜，北京并未入睡。流浪歌手在某一间昏暗的酒吧唱着沙哑的歌谣；情侣看的电影还未散场；梦想在北京买房的白领还在写字楼加班；打算考名校的学生一边与瞌睡虫战斗，一边在试题上写完最后一行字。就在这样的夜晚，于建刚在灯下认真填写了“小毛驴”的实习生申请表，梦想着这张申请表能够把他带离城市和楼宇，让他到达他的梦想之地。他清楚地记得，那是一个下午，他正在奥美办公楼11层的房间C开会，电话铃声响起。“哪位？”那头传来一个和蔼可亲的声音：“喔，呵呵，你好，我是‘小毛驴’的黄老师……”

于建刚办理了离职手续，两三个月以来的挣扎终于结束了。此刻完全理解他、陪伴他的是他的女友梅玉惠。这个娴静的女孩有着和于建刚相同的成长环境：他们都长在浙北杭嘉湖平原，是地道的蚕农子女，也是高中同学。梅玉惠也在北京工作，但每天挤在密封罐头般的地铁里去上班的日子让她厌烦，这能叫生活吗？生活应该像她的童年那样，有蓝色的天空，有碧绿的桑林，有白胖的蚕宝宝，有让人摇着木桨划过的河流。于建刚辞职的同时，梅玉惠也辞职了。

2011 年 4 月，这对恋人拖着行李，坐地铁 5 号线到终点站，再倒 2 趟公交车，来到了位于北京六环外、凤凰岭脚下的“小毛驴”，到的时候天都黑了。

首先迎接他们的是一个叫汤姆（Tom）的年轻人。他胡子拉碴，衣服破旧，向这对情侣介绍了一些农场的基本情况。于建刚忍不住把问石嫣的问题再验证一遍，他问 Tom，做农场一年能挣 10 万元吗？ Tom 微微一笑说：“我以前做 IT 的，一个月 2 万元，想挣钱何必来农场？”“那你来农场干吗？”于建刚瞪大了眼睛问。“为了生活。”Tom 回答。

一天，于建刚感冒了，黄老师问他吃中药了没，而不是吃药了没，后来 Tom 也这么问他。种种迹象让于建刚知道了，他来到了一个不太寻常的地方。这种不寻常刚好接住了他刚辞掉工作的忐忑以及对未来的迷茫。他跟着农场的伙伴参观了一个建设中的华德福教育社区，那是一个废弃的养猪场，被一对做白酒生意的夫妻承包下来，打算建成学校、小区和养老院。据说他们还从国外聘请了老师。这种神秘感，直到 3 年后于建刚在中国香港的荒山中与一群自然学校的老师相处整整一天，才得以消除。

还有一次，于建刚和梅玉惠跟着一位热心大姐进城，走进了一栋居民楼，发现里面竟是个杂志社。这里简直是纸上的民间博物馆，手打中国结、民间童话、福建土楼、曹雪芹扎燕风筝图谱，种种民间文化和技艺都被杂志社做成装帧精美的书籍凝固在纸上。于建刚挑了一本《中国米食》，而梅玉惠挑的是《中国女红》。那时梅玉惠还不知道，多年以后她将长年与丝线、丝绸打交道，并进修服装设计专业，命运在很早以前就暗暗埋下伏笔。这个杂志社叫汉声。

在一次实习生例会上，潘家恩老师播放了纪录片《食品公司》，看完后于建刚开始吃素。

种种奇异事件撕裂了于建刚的过去，也撕裂了他的现在。他沉浸在对新事物的尝试中。既然来了“小毛驴”，那为什么不顺便看看其他地方？虽说“小毛驴”的 CSA 生态农业挺不错，可以回家乡尝试，但他还未完全下定决心。

如果你没有梦想过、徘徊过、尝试过，那么你一定没有年轻过。25 岁的于建刚徘徊在人生的分岔路口：一条路是回家做农场，而另一条路，是做一个人类学学者。

一天，于建刚偶然得知在广西的一个偏远村寨，有基金会在做公益项目，其中有社会调研版块，这刚好符合他想进行田野调查、做学者的愿望。就这样，在“小毛驴”待了两个月后，于建刚来到了广西中越交界的壮族村寨——板贵屯。为了避免女友和他一样东奔西跑，他让梅玉惠先留在“小毛驴”学习些农场经营方法，万一他们要回家开农场呢？

相比“小毛驴”，板贵屯是个真正的乡村。当地人的房子一般分三层，一层住牛，二层住人，三层是粮仓。一层和二层之间只用木板简单隔一下，这样方便将剩饭剩菜直接扔下去喂牛。空气中永远弥漫着牛粪尿的味道，但人们早已习惯。

于建刚觉得自己来对了。他以巨大的热情投入田野调查之中，离想做人类学学者的愿望越来越近。做调查访问的同时，他协助公益组织“行动援助”（ActionAid）做项目，半年里他参与的项目包括乡村图书馆、垃圾分类、校园菜地、稻田养鸭、妇女小额基金培训、支教老师招募……这些事让他产生了前所未有的新鲜感和成就感，他白天工作、晚上写作，仿佛有用不完的精力。那段时间他一遍遍读费孝通的《江村经济》，计划模仿该书写一篇题为“板贵屯，一个壮族村落”的论文。

壮族文化、乡村教育、生态农业……于建刚完全掉入了一个崭新的世界，他像初入大海的小鱼一样不断探索着世界的边界。那天，于建刚得知在广西的另一头——大瑶山，将举办一个名为“情意自然教育”的工作坊。“情意自然教育”是自然教育的一个分支，“情”是情感，“意”是意志，注重启发人本有的感情与对万事万物的关爱之心，也培养人的行动意志。“情意是仁的基础，自然是道的大门”，和这段日子里不断出现的新鲜事物一样，“情意自然教育”也引发了于建刚的好奇。再说，工作坊位于金秀瑶族自治县境内，费孝通先生曾说：“世界瑶族研究中心在中国，中国瑶族研究中心在金秀。”这更使正在做少数民族文化研究的于建刚心驰神往。他立马决定报名。

在大瑶山，于建刚见到了“情意自然教育”体系创始人、来自香港的清水老师。这个女人梳着一条又粗又黑的麻花辫，巧克力色的皮肤上洋溢着金色阳光、蓝色海洋和墨绿色山脉的气息。和她的名字一样，她说话温柔似水。在为期一周的培训中，学员们不能使用手机及其他电子设备，甚至不能使用平常的语言和逻辑，而要学习用耳朵、鼻子、手以及心灵去感受大自然。上一刻还忙着写论文、做学者、保护壮族文化，下一刻被要求不要使用平常的语言和逻辑，于建刚感到震撼和茫然。语言和逻辑是他一路从村庄小学考上“985”大学的资本，是他进入世界一流广告公司的资本，是他随心所欲地从广告学转入人类学的资本，放下这资本，他不知道该倚赖什么东西前行。清水老师在学员之中辨认出了于建刚的躁动不安，她微笑着说：“小鱼，放下智巧，去感受。”

25 岁的于建刚只知道热血沸腾地接收新的知识、新的概念，只知道明确一个目标后马上去行动，至于“放下智巧，去感受”这样含糊又神秘的东西，他搞不懂。

“情意自然教育”没能打动于建刚，工作坊结束后，他回到了板贵屯，回到了他熟悉的工作方式上。很快，论文写作接近尾声，此时临近年关，于建刚和梅玉惠商定，先回老家，再做下一步打算。离开庄寨以前，他把写好的文稿发给了在加拿大高校教书的一位师兄，师兄很欣赏，他让于建刚翻译一下，准备推荐给同事。如果顺利的话，于建刚将去加拿大读博。

此时梅玉惠在“小毛驴”的实习期刚好结束，她带着一纸实习证书在家乡与男友汇合。接下来该去哪里，该做什么？两位青年还没拿定主意。不过，两人都同意先把大事办了——结婚。

两人的家乡在浙江桐乡，它位于杭嘉湖平原，是典型的江南水乡。这里河网稠密，水质甘甜，滋养着万物生灵；良田无垠，如同一张巨大的绿色绸缎，在平坦的土地上延绵。农历十月至来年春天，是桐乡农村婚嫁的黄金期，这个时期正值农闲，天冷，食物不易变质，而且结了婚新年里刚好走亲戚。

婚礼办得朴素又隆重。梅玉惠，这位从小被母亲宠爱着的江南女儿，带着她的28床蚕丝被嫁到于家。这是他们当地的习俗——有女孩的家庭，母亲在孩子小的时候就开始准备嫁妆，自己养蚕，自己剥茧，自己晒绵，最后拉被子，连被套和被面都是自己纺线染织的。有时候，外婆和奶奶也会参与这项浩大的工程。

从8岁记事起，梅玉惠就看到母亲在养蚕季结束后挑出为数不多的双宫茧为她做被子。她结婚时的28床蚕丝被刷新了村里的纪录，以至于多年以后走在村里，遇到不认识的人，报一下姓名，对方定然会心一笑："哦，你就是带28床蚕丝被嫁妆的那个媳妇！"

来帮忙的人把一床床被子扛起来，拿到新床上高高地叠起来。当地人喜爱到新房里参观那高高的被子，只消看一眼，哪怕是失落的、感伤的、愁苦的人，也将被眼前的富足和美好打动。

婚后的于建刚沉浸在幸福的光晕中，相比去国外读书、做学者，他感到和妻子一起在家乡创业更为脚踏实地。没过多久，有一件事让他更加坚定了留在家乡的想法——妻子怀孕了。

说起创业，二人自然想到北京学到的“小毛驴模式”：种植蔬菜水果，然后配送到城里。不过，他们很快发现卡在了第一步：村里已经没有地了。江南是中国经济富庶的区域，地价本不便宜，况且夫妻俩回乡正赶上当地种美国葡萄的热潮（2010—2012），土地租金由原来的年均600元/亩，涨到1200元/亩。贵且不说，问题是寸地难求——地被承包大户、企业老板抢光了。二人跑到农业经济局求助，询问是否有土地出租的信息。接待他们的工作人员了解他们的情况后，觉得又好笑又同情：“现在哪有年轻人种地的，你们还是回去考虑清楚吧！”

退而求其次，于建刚想到了与别人合作。那是一个位于湖州的CSA农场，农场主是于建刚的朋友。去了之后才发现，对方也是泥菩萨过河——自身难保。首先，湖州并不靠近主要消费市场，最近的客户群体大多位于杭州，那时物流没有那么发达，所以运输也是不小的成本；其次，受山洪影响，作物减产，供应不稳定造成了顾客流失；再次，农场主人出于对“生态有机”的追求，拒绝使用大棚，采用纯天然的露天方式种植，这使原本就不稳定的产量更加风雨飘摇……于建刚不得不终止合作。

经历了自己找地失败、与人合作失败，小半年过去了，于建刚的返乡计划还未有什么实质性进展，而此时孩子即将出生，经济压力陡然增大。雪上加霜的是，整个过程中母亲从来没有给过好脸色。她不反对儿子回家，但强烈反对他做农民。

“你去做老师也好，做公务员也好，随便找个什么工作也好，这么多好工作你不去，怎么回家干起这个！”

于母是家里的小女儿，她有两个哥哥、一个姐姐、一个弟弟。然而家里并不重视对女孩的教育，在应该上学的年纪，她被叫去照顾大哥的女儿，导致她自始至终连自己的名字都不会写。这成了她终生引以为憾的事，也正因如此，成绩还不错的儿子一直是她未来的希望。眼看儿子如她所愿做了城里人，她长长地松了一口气，可太平日子还没过几年，儿子竟跑回家来了！而且儿子说要种地！做农民有多苦，这孩子竟不明白！

她和老于年轻的时候拼命干活，只为早日造一栋新房，离开那低矮逼仄的老房。不过，老天并没有让二人如愿。有一年冬天，夫妻俩忙着在桑树林下种榨菜。桑林套种榨菜是当地人百年里延续下来的种植智慧：平时茂盛的桑叶会挡住照到地上的阳光，林下不宜种东西；到了冬天桑叶掉落，地一下空了出来。在旧叶掉完与次年 4 月长出新叶的时间空当里，刚好可以种一茬榨菜。

种榨菜的肥料用羊粪，一担一二百斤，夫妻俩来来回回地挑。在他们的悉心照料下，榨菜大丰收，有一万多斤；他们连夜去菜叶、削皮、腌渍。然而，那年榨菜价格奇低，卖完以后，连肥料钱都不够。

一想到这些，她心如刀绞：莫非她真是命不好，老天让她受苦还不够，想让她儿子继续受苦？在得知于建刚与人合伙开农场失败后，于母连声怒吼："赶快去找个工作！读了大学一点不干正经事！"

在经济压力和舆论压力的双面夹击下，于建刚只好重新找了一份工作。不久，他在上海干起了老本行——品牌咨询，开始了长达三年的"双城记"：周一上午坐高铁去上海，周五晚上回桐乡。

那段时间，于建刚仿佛坠入了深渊，短短一年时间里，他经历了辞职、去"小毛驴"、去壮寨、去大瑶山、回乡、租地失败、合伙失败、重新找工作……他突然失去了目标，搞不清楚自己要什么。他断绝了与"圈内人"的联系。所谓"圈内人"，就是生态农业、乡村建设、自然教育、传统手工艺、社会企业、公益机构等行业里的人，这个圈子曾是他精神成长和认识世界的养分，现在他厌倦起来。他开始写日记，一本接一本地写。

于建刚把 25 岁这一年称为"间隔年"（Gap Year）。"间隔年"

一般指青年跨入下一个学业或下一份工作之前，给自己放的“长假”，这段时间里他们可以去旅行、做义工，以便更好地认识社会、认识自己。

于建刚认为自己的间隔年有点“狂飙突进”，他在短时间内接触了大量的新鲜概念，生活上发生了巨大的改变：辞职、返乡、吃素、反都市、反消费……他现在身处三个世界：一是主流世界，他目前工作的世界；二是乡土世界，他从小成长的世界；三是理想世界，讨论乡建、环保、教育等话题的利他世界。这三个世界组成了一个迷宫，让他不知路在何方。

“我是不是太冲动了？也许不该这么快辞职和返乡。”于建刚心想。但成年人的世界没有后悔药，他只能硬着头皮往前走。

2 “慢”的艺术：在家乡，与古老技艺重逢

很多年以后，于建刚依然清楚地记得，2013年的春节，他的“返乡之旅”如坐上了一块魔毯，飞向了一个神奇的国度。那时他已经在上海工作近一年，儿子也满半岁。他万分珍惜这短暂的假期，过完春节，他又得告别妻儿回上海工作。这种在城里做白领的日子他并不满意，早知道这样，当初何必从北京辞职？他一遍遍回想当初是什么吸引他读费孝通的《乡土中国》，又是什么吸引他放弃了企业的工作去农场。是的，他热爱桑林与稻田多过摩天楼与商业街；热爱轻柔婉转的家乡话多过普通话；热爱田间劳作多过在屏幕前赶PPT。他的同龄人一个个越走越远，远得家乡成了身后一个很小的黑点；但他呢，身后仿佛有一股巨大的力量把他拉回老家，拉回那个叫正河浜的村子。

那天晚上，屋里的灯光因为春节将至而显得格外祥和，于建

刚抱着儿子，低下头用鼻尖轻轻蹭着儿子的脸颊，做出各种搞怪表情，逗得小婴儿咯咯直笑。突然，妻子梅玉惠听到一声大叫："对呀，我们为什么不养蚕呢！"原来，于建刚看到白胖的儿子，由"宝宝"联想到了"蚕宝宝"。他兴奋地望向妻子，妻子没有言语，但从她的眼神中，于建刚知道她是认可的。

二人都来自蚕桑世家，祖上代代养蚕。小时候，桑地就是他们的游乐场，春天采桑葚，夏天抓知了。每年 5 月，家里的氛围就会紧张起来，连年幼的孩子都知道要规矩点，因为养蚕季到了，娇弱的蚕宝宝需要人的悉心照料，家里异常忙碌而安静，蚕吃桑叶的沙沙声愈发响亮；小学暑假，是养夏蚕的时期，蚕已过三龄，这时候他们被大人"捉"去独立负责喂养蚕宝宝。冬天，他们穿母亲做的蚕丝绵袄，盖蚕丝被，轻盈而温暖。梅玉惠上大学时才见到"棉"被，在此之前，她以为所有被子都是蚕丝做的。

蚕，在当地人的心中占据了很大的位置。在他们的方言里，"宝宝"专指蚕宝宝，以至于叫婴儿不得不换成别的词，叫"囡囡"；家里盖房子，会把最大、最干净的一间房留作专门的蚕室；为了祈求养蚕顺利、蚕茧丰收，蚕农们有自己的神——蚕神娘娘，大年初四就是祭拜蚕神娘娘的日子；嫁娶的时候，所有嫁妆要缠"红丝绵"；人在去世后，脸上要蒙一层"白丝绵"。

于建刚和梅玉惠就是在这样一片土地上，听着风吹桑叶的“沙沙”声、听着“嘎吱”作响的机杼声长大的。他们早已对蚕见怪不怪了，以至于根本没想过把养蚕当成创业项目。

夫妻俩经过讨论，打算从最普遍、最实用的蚕丝被开始。

从那天起，正河浜多了一个叫“梅和鱼”的手工作坊。

关于种桑养蚕，杭嘉湖平原拥有漫长的历史和世界性的荣耀。20 世纪 50 年代，一些残破发黑的绸片在钱山漾遗址被挖掘。经过测定，这些绸片距今至少已有 4200 年，被学术界称为“中国乃至世界范围内人类利用家蚕丝纺织的最早实例”。由此，钱山漾遗址被认定为“世界丝绸之源”。到了明清时期，江南桑蚕丝绸业达到顶峰。康熙下江南时，见运河两岸桑林荫荫，一望无垠，不禁赞叹：“天下丝缕之供，皆在东南，而蚕桑之盛，惟此一区。”那时，杭嘉湖地区的丝绸热销海外，价格变化无常，而每一次变化都会牵动全世界的神经。它的品质位居榜首，中国的皇室和欧洲的贵族都以拥有一件由杭嘉湖丝绸制作的华服为荣。

夫妻俩信心满满：论技术技艺，二人的父母都是老一辈的养蚕人，从植桑、养蚕到缫丝、制被，他们对每个流程了如指掌；论宣传营销，于建刚是资深广告人，提炼产品亮点、讲述创业故事都难不倒他。按理说有这两大优势，做个蚕丝品牌并不难；但夫妻俩做了之后才发现，这是一条充满孤寂与困惑的路。

他们碰到的第一个钉子是于父于母的不配合。“这都是老一辈人干的事了，年轻人应该好好工作！在上海好好的，怎么又想起这档子事来了！”于母满脸愠色。

公公婆婆的工作做不通，梅玉惠跑去找自己母亲。母亲看着自己从小宠到大的女儿，眼里满是慈爱。“行啊！”她回答。她从来不要求女儿上什么样的班、做什么样的事，只要女儿开心快乐就好。

有了母亲这个靠山，梅玉惠有了底气。过完年于建刚要回上海了，留下梅玉惠和母亲张罗剩下的事。事实上，一开始进展非常顺利，因为婆家和娘家本来就年年养蚕，场地、工具全是现成的。随着时代的变迁，村里人已经不再把养蚕当成养家糊口的主业，他们大多去干了别的营生，比如进工厂打工或者做点小生意。但养蚕早已是生活的重要组成部分，就算不以这个为主要经济来源，他们还是要养。就像老一辈河南人，再怎么天南海北地打工，依然会在家乡的土地上撒下麦种；每年5月、6月麦收时节，他们会赶回老家帮忙割麦。中国人很早就是“半农半 ×”生活的践行者。

按照往常，家里养了蚕、收了茧之后，会直接把茧子卖给茧站。今年玉惠要做被子，就把茧子“扣”了下来。有了茧子，下个流程是煮茧、剥茧、扩绵……玉惠很自然地想到把这些事交给工厂做，毕竟他们这地方可号称中国的“丝绸之府”，产业链完善。那日，她满心期待地把白花花的一车茧子送去工厂，可没多久她又把那车茧子原封不动地带回来了。

“你们拿这个茧子做被子？”

“什么意思？”

玉惠和工厂的大娘，都用惊愕的表情看着对方。

大娘善意提醒道：“你这样做成本太高了，卖不出去的。”

玉惠费了好大的劲才搞懂，在如今的工厂里，做蚕丝被的原料都是些下茧、短丝、漂白后的柞蚕丝，甚至是化纤，而好茧子（上茧）则用来做丝绸。成本且不论，技艺上也有很大差别，工厂的加工方式对应的是下茧，而若把上茧拿去这样加工，则会白白浪费好原料。

当晚，玉惠和丈夫通了电话，把白天茧站的事告诉他。“在我心里蚕丝被就是用好茧子做的，从小如此，没有用下脚料做被子的说法。如果工厂做不了，我们就自己在家按照老的方式手工来做。”玉惠平时安静温柔，但涉及原则性问题，她向来很有主见。

“好。”丈夫表示支持。

于父于母原本说什么都不同意儿子养蚕，但儿子现在老老实实地在上海上班，他们的情绪就平复下来了，儿媳妇做被子的时候，他们也尽心尽力地帮忙。

凌晨三点多，玉惠起来了，她要煮茧。茧子要当天煮当天剥，否则就不新鲜。玉惠努力睁开蒙胧的睡眼，把茧子倒进锅里烧开，边烧边搅动；添冷水再烧开，反复三次。五六点，她将茧子煮好，清洗干净，开始剥茧。母亲、公公、婆婆这时都来了。他们在水里摇晃茧子，找到开口，然后用双手大拇指将茧子拉扯扩大，扩大后反过来套到左手四指上，用右手把茧子上的蚕蛹、碎渣捡掉，如此套七八个茧，即成绵片；再将七八张绵片套在竹制弓器上扩绵，此时手掌大的绵片被扩大成约 A3 纸大小的绵兜。以上过程都需要在水里完成，直到扩绵结束，泡得肿胀的双手才能得到解放。

接下来该晒绵了。在院子里架起一排排竹竿，把绵兜一个个挂上去，等待阳光把水分带走。晒绵那几天是乡村生活中最快乐安宁的日子之一，蓝天之下，雪白的绵兜整整齐齐地排列，像天空突然飞过的白色鸟群。每每望见院子里的绵兜，玉惠的心都会变得和田野一样开阔和丰饶。

当玉惠把带着阳光气味的绵兜收下来整理好时，新一轮的劳作又开始了：把绵兜从中间掏出一个洞，然后双臂慢慢拉扯，把绵兜拉成一个长长的环形，这叫“开绵”。那些天，玉惠每天都带着沉重酸痛的双臂上床。周末于建刚回到家中，他也加入了这场征战。一斤蚕丝被要拉 36~40 个绵兜，一床蚕丝被按平均 3 斤算，就得拉 108~120 个绵兜，而他们每年得做几百上千床被子，因此要完成几万个绵兜的拉扯。每天从太阳东升干到明月高悬，两位年轻人的手上，长出了和老一辈一样的硬茧。

“你们还这样用手开绵啊，现在都用剪刀了！”一位串门的邻居对他们说。

于家人停下手里的活儿，齐刷刷地望向讲话人。

“这样太慢了，做到什么时候去！”

经过一番了解，他们知道了市面上主流做法是把绵兜直接剪开，几秒就够了。纯手工开绵，就算是老师傅，一天最多只能拉 6 斤丝绵，而用剪刀则能一天拉 20 斤，速度相差三倍以上。

于建刚看了看妻子，征求她的意见。玉惠看了看一个个洁白的绵兜，慢慢地说：“以前怎么做，现在就怎么做。这么好的丝拿剪刀剪断，简直是暴殄天物。”

这是继工厂的人说“好茧子别用来做被子”之后，玉惠受到的第二次强烈冲击。但每次遇到这种问题，她的决定都特别清晰，她心里对品质有一个异常简单的标准：小时候妈妈怎么给她做被子，她现在就怎么给别人做被子。

不用剪刀开绵，这并非梅玉惠个人的执念，这项传统工艺有它的实用价值：蚕丝的独特之处是它的长丝，而市面上常见的材料，比如棉花、化纤等，与蚕丝比起来则短得多。不用剪刀，就能最大限度地保留长丝，这样做来的被子保暖、透气、蓬松、使用寿命长，养护得当可以用一辈子。

玉惠的笃定让全家人没有了疑问，大家继续按照传统方式制被。这个活儿比市面上任何健身课都更消脂：母亲几个月后瘦了十几斤，精神比过去好多了；而玉惠自己，瘦瘦的两臂也能鼓起肌肉了。有一年暑假，前散打运动员、现体育老师的姐夫自信这个活儿难不倒他，但连续开绵一周后，姐夫的手上起了很多水泡。

开绵过后，还有最后一步，就是扯绵。这一步市面上同样“发明”了更快、更省力的办法：4 个人从 4 个角同时拉，绵片可以迅速张开成为一大片。而传统的做法是，2 个人交互慢慢拉，这样用力更均匀，丝绵不容易崩断，能更大程度地保留长丝。毫无疑问，玉惠又一次选择了更“慢”的方法。扯开的绵片轻薄透明如蝉翼，把它们一张一张叠在一起，就变成了被子。

如此做出来的“慢被”，虽说费时费力，但玉惠心满意足，她觉得这比市面上的被子更厚实，也更美。

看着一条条像云朵般轻柔的被子逐渐堆满了房间，于建刚写了一篇文章——《从奥美辞职后，我们回家养蚕了》。这篇文章在网络上引起了小小的轰动，随后，深圳电台的记者采访了他们。接着，报道他们的媒体越来越多，连央视网的记者都扛着摄像机走进了于家小院。最开始买被子的都是熟人，随着网络热度的持续上升，陌生顾客也多了起来。

经过两三年的积累，销量逐渐稳定下来，每年他们大约会卖出 1000 床蚕丝被。2016 年于建刚彻底辞掉了上海的工作，回到村里安定了下来。

这看起来是童话般的幸福结局，可现实的挑战远远超过了于建刚的预期。一天下午，于建刚打开淘宝店的后台，猛然看到一个刺眼的“差评”。他们的蚕丝被采用了如此高的制作标准，这个差评从何而来？原来，顾客好奇地打开了胎套，看到蚕丝里混着一些黑色杂质。“你们被子品质有问题，要换。”于建刚告诉顾客，这是蚕蛹碎屑，就和棉花壳一样天然无害。市场上的蚕丝被是经过漂白处理，他们老老实实没漂白。在“梅和鱼”眼里，天然的蚕丝比什么都宝贵，为什么要加入化学药剂呢？听了解释，顾客依然不满意，又指出套在蚕丝外面的胎套也不够精良。他们的胎套是平淡无奇的白色纱布，而市场上的会做成主妇们喜欢的粉色，还是缎条面料，看起来更精良。于建刚又解释：太厚重的胎套虽然看起来高级，但不贴身，阻碍蚕丝柔软性的传递，透气性又差；再说蚕丝被的核心是蚕丝，蚕丝的工艺、蚕丝是否漂白才是重点。

市场上也有很多号称“手工蚕丝被”的产品，大多数顾客对于手工蚕丝被的制作工艺一无所知，他们不知道“此手工”与“彼手工”的区别是什么。于建刚成了手工蚕丝被的“首席科普员”，他不断地写文章，把每个制作步骤都做了详细介绍，告诉顾客市面上的被子是怎么做的，“梅和鱼”又是怎么做的。

本以为如此“保姆式”地宣传科普，应该万无一失了，不想一日他们又受到一次令人哭笑不得的中伤。顾客告诉他们，一位名为“××× 古法手工蚕丝被传承人”的微商质疑“梅和鱼”的工艺是造假。“那个‘梅和鱼’是胡说。两个人扯绵，要拔河啊，一斤有 36~40 个绵兜，光拔河就要累死了。我们以前家里自己翻被子是两个人，量小；就是自己家的被子，没几条。他们生产卖的被子，两个人拉，这是忽悠你们的。手工拉被子是非常累的。”

“梅和鱼”的被子，他们自己盖的是两个人扯绵，卖给顾客的同样是两个人扯绵，一视同仁。

这种“傻傻做被”的精神终于换来了它应有的认可——有顾客发现这被子“竟然一年四季都能盖，冬天暖和，夏天也不热”；

还有顾客甚至为三代人都选择了“梅和鱼”：“结识‘梅和鱼’多年，我自用的被子、女儿结婚的喜被还有即将出生的外孙的被子都是出自‘梅和鱼’，是好品质让我对他们有深深的信任。感谢他们的坚持，让我有机会能用到这么顶级的蚕丝被，轻柔还保暖，做工精细，带有蚕丝本身的香气，幸福满满。”

几年下来，大家提起“梅和鱼”，就想到“蚕丝被”，仿佛这两个词是形影不离的双胞胎，这得益于夫妻俩过硬的手艺和成功的营销。可就在这时，“梅和鱼”上线了一款奇怪的产品——杭白菊，这款产品打破了“梅和鱼”与“蚕丝被”的固有关联，简直是自毁品牌形象。

做蚕丝被的开始卖菊花茶了，难道他们也开始“带货”了？不久之后是不是还要卖广西红糖、绍兴黄酒、海南芒果？于建刚明白顾客的困惑，他像最初介绍蚕丝被一样，耐心地介绍着杭白菊的由来。

在冰冷的大型工厂里，蚕丝被和杭白菊几乎不可能在一起生产；但在岁月悠长的村庄，在充满人间烟火气的蚕农家中，这两种东西可以相伴而生。杭白菊在桐乡已有300多年的生产历史，桐乡也被称为“菊乡”。

于建刚的父母是养蚕人，也是种菊人，这两种身份在他们身上从未起过冲突。杭嘉湖平原的农夫在千百年的生活中发展出一套精密而稳定的种养体系，他们把蚕桑、杭白菊、湖羊、榨菜、水稻、塘鱼等巧妙地安排进一年四季的轮回中：蚕沙（蚕粪）晒干了可以存起来，冬天湖羊没草吃的时候，蚕沙可以当湖羊的饲料；而羊厩肥又可以当作杭白菊的肥料；冬天桑叶不长的时候，桑林下可以套种榨菜……

这套循环种养方式让于建刚着迷，他坚定地要在养蚕的同时种菊。按照更讨巧的方式，他们应该把精力放在做好蚕丝被单品上，扩大宣传、扩大规模。但比起做一个蚕丝被“企业”，成为一个富有的“老板”，于建刚对贴近土地的生活方式更感兴趣。父母过去怎么生活，他就要怎么生活。

可是于建刚的决定又一次遭到了父母的激烈反对。“以前蒸好菊花茶来卖，连煤球钱都不够！不做、不做！”老于沉着脸说。

“现在不会了，你看我把蚕丝被都卖了好价钱，菊花茶我也照样能卖出去。”

“做菊花茶特别麻烦，你看村里谁还做？”于母不悦地补充道。

确实，于建刚在村里了解了一圈，已经没有一亩菊花地，没有一个人做菊花茶。种菊、做茶是一套非常烦琐的工艺，耗费大量人工。种菊每年3月翻田，4月插扦，5月压条，6月、7月打头，8月、9月拔草，10月、11月采摘。若遇台风、洪涝或干旱，菊花会大量减产甚至绝收。菊花采收完，要连夜用大锅、柴火蒸青，蒸青过后低温烘干。这套种植和制作工艺被列为浙江省非物质文化遗产。但当一件事物被称作“非物质文化遗产”时，也意味着它在现代文明的进程中已被边缘化，它最终的归宿可能是教科书、博物馆和艺术馆，而不再像过去那样成为真实生活中的主角。

村里的地，都用来种费工少、规模大、收益高的作物；村里的人，要么去工厂做工，要么拆迁去了新小区。过去在采收时节，家家户户都蒸菊花，全村弥漫着菊花的清香。现在这种盛况再也没有了，正河浜已十年不见菊。

经不住儿子的再三央求，于父于母勉强同意试一试。他们启用了老屋荒废多年的半亩地，开始了小小的试验。第一年，只找到几株菊苗，种点来自己喝了；第二年，去隔壁镇同学家引种了一捆菊苗，但遭遇台风“山竹”，只收得30斤；第三年，从0.5亩扩大到1亩，产菊160斤……

虽说种菊艰难重重，但“恢复传统种植方式和传统生活方式”的信念让于建刚坚持下来。后来，出于同样的原因，“梅和鱼”在养蚕、种菊的基础上又增种了榨菜。

3 心的归处：离开写字楼，好好做个蚕农

“采菊东篱下，悠然见南山。”陶渊明的诗给采菊蒙上了浪漫的色彩，但真正的采菊无比辛劳和枯燥。采菊季一到，于建刚和父母必须和时间赛跑，从太阳初升干到月上枝头。秋日的天空干净明媚，阳光下，黄嫩的菊花、墨绿的菊叶与远处的白色房屋一起构成了比吴冠中笔下的江南更美的画。不过真正的采菊人可没有这闲情赏景，他们弯着腰，头顶苍穹，争分夺秒地把成熟的菊花从枝头摘下。中午匆匆吃饭，下午继续摘，晚上又匆匆吃饭。新鲜采摘的菊花必须当晚加工。他们烧旺了柴火，在土灶上对菊花进行蒸青，蒸青后再烘干。这样的日子他们要连续重复一个月。

市面上的规模制茶一般省略蒸青这个步骤而直接烘干，但于建刚坚持传统的工艺。蒸青后，生花变熟花，能够较好地中和菊

花本身的寒性，在老一辈制菊人眼中，这是关键的一步。时间和火候是蒸青的关键，过长，花太熟，影响口感；过短，花太生，颜色变黑无法饮用。而且蒸青费柴，每年他们要烧掉数百斤桑条。土灶、柴火，这样的工艺决定了他们不可能大规模生产，每年只能生产珍贵的一两百斤。

对于家人来说，采菊、制菊过程中最大的障碍不是技艺，而是亲子关系。

“都叫你别做这些了，搞这个有什么用，读了大学老不干正经事！”由于从早到晚和父母密切相处，于建刚逐渐感到透不过气。返乡好几年，父母始终无法接受一个在家养蚕、种菊的儿子。再加上父母本来在工厂做活，收入多又轻松，现在硬是被儿子拉过来做这辛苦费力的事，情绪逐渐积压。于建刚感到他们三个人之间有一团黑色的火焰在燃烧，仿佛随时会“嘣”地爆炸。

压力不单单来自父母，也来自村庄的整个熟人圈。他们一遍遍地看热闹似的来家里看于建刚夫妻俩如何养蚕制被，又跑到地里看于家人如何用不施农药、化肥的方法种菊花。人们指指点点、议论纷纷，所有人都认为，大学生应该去城里找个挣钱的工作，怎么能待在家里呢？

父母反对、村庄凋敝、手艺消逝，他为什么又非要留在村里？

“为什么”，这是于建刚返乡多年来一直问自己的问题。当年在北京工作时，他想尽办法寻找理想职业，如今他找到了吗？这辈子就这么做个农民，还是继续追寻做学者的梦想？过去一年里，他看了不下20本有关人类学的著作，他仍然没有放弃攻读学位的打算。

然而，现实生活热气腾腾地绊住了他：孩子要养，被子要做，菊花要种，公众号文章要写，访客、记者要接待……他始终没找到攻读学位的时机。于建刚不知道接下来该往何处去。20岁出头，他产生了职业上的困惑；30岁出头，困惑又再次席卷而来，他像台风中的菊苗一样摇摆颤抖起来。

“浙江省文化广电和旅游厅有个蓝印画布非遗传承班，你去吗？”耳边响起妻子轻柔的声音。于建刚抬起眼望着妻子。他时常迷茫焦虑，她却从来都安之若素；她成了他的镜子，成了他夜航时的明灯。返乡以来，她不介意别人怎么看、怎么说，反而对传统手工艺的痴迷一日高过一日。她拉着丈夫一起拜访当地的手艺人，又去丝厂、布厂、植物染坊取经。对传统手艺的热情延伸到了传统生活和传统文化。他们拜访太湖边的书院，全家开始诵读经典；他们去湖北跟着老中医上山采草药；他们还系统学习了易筋经和武氏太极拳……

以一个读书人的领悟力，于建刚猛然发现，他自己的生活，比书本上的“人类学”更为精彩和珍贵，而他的妻子、他的母亲、他的父亲、他的街坊邻居，也比人类学家所记述的任何一个人物更迷人。换个角度说，他能有多高的“学术建树”，取决于他多大程度上了解他的家乡的文化和历史。

他的人类学修养让他明白，无论是西方现代文化，还是某个热带岛屿上的原始部落文化，都不能简单地用“好坏优劣”去评判。相反，那些看上去不那么“文明”、不那么“先进”的文化，也许恰好是我们当下社会问题的解药。

人类学家把那些遥远的、人口稀少的、罕有的社会当成珍宝来研究，赋予它们极高的价值。如果用人类学家的眼光看，于建刚家乡的蚕桑文化，无疑是颗璀璨的明珠。

于建刚突然明白了过去他生活在怎样的“文化压抑”中——提起养蚕、种稻，就是倒退、不值一提的；提起读书、工作，则是光鲜和被肯定的。提起丝织手工业，就是低效的、落后的；提起智能生产，则是高效的、符合潮流的。提起祭拜蚕神娘娘，就是封建的、愚昧的；提起情人节，却是现代的、喜庆的……

这就是他长期以来说不清、道不明的痛楚！就好比一个多动的孩子，每每坐在教室里，总被老师贴上“不守规矩”“破坏纪律”“成绩差”的标签，这构成了这个孩子长期的心理阴影。

现在，于建刚在人类学和社会学中，找到了“文化自信”。他要大大方方地说：“我就是热爱家乡的本土文化。”这不是因为“桑基鱼塘”被联合国粮食及农业组织评定为“全球重要农业文化遗产”，也不是因为“中国蚕桑丝织技艺”入选人类非物质文化遗产；他热爱这些文化，是因为这是他的记忆、他的来处、他的身份，就像孩子爱母亲一样不需要特别的理由。

地域文化，没有高低之别。这一点他在第一次读《乡土中国》时就有了朦胧的认知，现在，经过许多年的返乡生活，他的认知更清晰、明确了。

如此说来，一个沿袭当地文化而耕种的“农民”，与泡在书卷中的“学者”或是以音乐打动人的“歌手”相比，也没有孰好孰坏之别。那么，他为什么不做农民？多年以来，“农民”这个身份一直是他心里的坎儿。他的成长环境和周遭的文化氛围常常把农民放在“文明—愚昧”“进步—落后”“救—被救”的狭隘对比中，这使得他莫名其妙地远离生养他的村庄，抛弃充满“土气”的生活方式，使他从来不敢想“做个农民”这件事。即便是返乡了，他仍然需要用其他身份“打掩护”，他认为自己是个品牌策划人，是个想做学者的人，至少是个践行“半农半 ×”的人，而不敢说自己是“纯粹”的农民。

我为什么不做个农民！于建刚一拍大腿。那一刻，他不再逃避，他要把多年来被层层包裹的伤疤揭开，让它在阳光下复原。于建刚对职业的迷茫没有了，内心深处的自卑没有了。“农民”这个职业，就是他多年来寻寻觅觅要找的“天职”！他明白了自己为什么会从北京一路南下回到家乡，促使他这样做的，是潜意识里对家乡的桑林、菊田、河流的一遍遍回望。

他感到前所未有的安心，就像走失的羊重新回到了羊群。他打心眼里认同了“农民”这个身份，这种心情就像想做警察的人终于穿上笔挺的警服，想做老师的人终于在学生期待的目光中登上讲台，想玩赛车的人终于有了一辆崭新的法拉利。身心合一，愿望达成。

他想明白了，对他来说，返乡不是为了逃离城市过田园生活，也不仅仅是“做出质量上乘的蚕丝被”和“种出不施农药、化肥的菊花”；返乡，意味着认同一种身份，认同包括“桑基鱼塘”在内的整个江南文化，认同他的父母以及父母的父母。过去，他只是“人”回到家乡，“心”却在徘徊和漂泊；现在，他的心稳稳地落在了浙江桐乡，屠甸镇，荣星村，正河浜。人，终究要找到内心的家园，否则，纵使声名显赫，纵使年薪百万，也无法安住那颗心。那些看起来“过得好”却不快乐的人，想必是还未找到回家的路。

幸好于建刚找到了。

他不再为父母的反对感到烦躁，不再为田间地头的劳累感到犹豫，不再为同龄人比他挣得多而感到不安。他的心中升起一股前所未有的力量。他带着巨大的热情和好奇去了解作为一个杭嘉湖平原的农民需要了解的东西：蚕到底是怎么养的，丝到底是怎么纺的，菊花到底是怎么蒸的……

4 在父亲的河流里划桨：多年后，我重新认识了父亲

于建刚不得不承认，对于村庄、对于传统技艺，他所知甚少。学校教育就像一架电梯，带着村里的孩童直达所谓的“现代化城市文明”，而把他们与真实的村庄远远隔离。返乡后，尽管于建刚也参与养蚕、种菊，但这些事必须仰赖老一辈的指导才能完成，若离了他们，他无法独立把事情做完。

于建刚开始认认真真地“补课”。母亲喂蚕时，他暗暗观察，遇到不懂的问题，就虚心请教。可问不到三个问题，母亲就劈头盖脸地训斥：“学这个干什么！有什么用！读了大学老不干正经事！”母亲的态度激起了于建刚做儿子的叛逆、做读书人的傲气：你以为你不教我，我就学不会吗？

他萌生了一个想法：找一处地方独立养蚕。

天公作美，于建刚看到千岛湖有一处蚕场转让，立马坐火车

去考察。到了一看，真正的青山绿水，淙淙泉水堪比可饮用的山泉水，甚至品质更佳。他与村里签了一年的协议，租地 20 亩。面对即将开始的养蚕之旅，于建刚有种脱缰野马般的兴奋。平时家里春蚕一般养 2 张蚕种，相当于五六万只蚕，这还是有家庭其他成员参与的情况下；但这次于建刚订了 15 张春蚕种，是平时家里的七倍多，而且只由他一个人养。这报复性的举动就像青春期被禁打游戏的少年，一旦得了自由，就废寝忘食地玩一阵。

更要命的是，别人养蚕有几十年经验，但他的经验几乎为零。

一个人肯定完不成这天文数字般的养蚕任务，于建刚找了 6 个经验丰富的本地蚕农，组建了一支“养蚕梦之队”——“队长”、爱华、淑华、凤娇、美莲、绿花。就连这些平均年龄 55 岁的蚕农，都是第一次养这么多蚕，她们望而却步。“责任都由我来担，功劳都归你们。”于建刚安慰道。“我们不要功劳，只要工钱。”绿花说。

家蚕是没有一点自理能力的动物，吃喝拉撒全靠人伺候。它们一生要经历四眠，每一眠就蜕一次皮，一共 5 龄。前 4 龄都在长身体，到 5 龄时，吃桑叶量暴增，比前面 4 龄加起来还要多很多，这是在为吐丝结茧积蓄能量。

批量养蚕的关键是时间整齐，最好让蚕全部同时吃桑叶，同时睡眠。假若有些蚕在吃叶，有些在蜕皮，有些在睡眠，不同周期下会滋生多种细菌，从而造成交叉感染。在养殖业，大面积感染是场可怕的灾难。

一天清晨，于建刚像往常一样走进蚕室，眼前的一幕让他窒息——蚕没有待在应该待的竹匾里，而是密密麻麻地爬到了地上、墙上，像是无家可归而四处游荡的灾民。于建刚意识到蚕生病了，慌忙叫来帮手把病蚕拣出来，同时加强通风消毒。

第二天，情况没有好转，地上又爬满了病蚕，而且有向其他排扩散的趋势。地上的蚕很容易被踩到，如果不及时处理，病菌将以更快的速度传播。

于建刚一边往桶里装病蚕，一边将漂白粉洒在被踩烂的病蚕上。病蚕不只是爬到走道上，还钻到犄角旮旯里，有时为了捡起它们，不得不挪开一块厚重的木板，或抬起一张沉重的桌子。弯腰、蹲下、捡起，于建刚强忍住内心的悲痛，机械地重复着这些动作。

平时干活儿最勤快的绿花，实在不忍心看这场浩大的“疫情”，她躲到地里一个劲儿地摘桑叶。

于建刚把病蚕一桶桶地运到掩埋区，打开铁盖，把它们倒下去，再把铁盖盖上，如此一趟趟来回。

经过极力抢救，有一小半“蚕坚强”躲过这场浩劫。就像家长们动用所有资源、提供一切支持，把孩子送进高考考场，于建刚和他的“养蚕梦之队”也终于把剩下的蚕送上簇，让它们吐丝结茧。蚕结完茧要尽快把它们从簇具上采下来，于建刚第一天采了 230 斤，第二天 160 斤，而预期的是每天 800 斤……

这场一个人的“英雄之旅”以几万元的亏损告终。

英雄归来，带着旅途上的成长。于建刚“想自己主导做一件事”的愿望得到满足，他在三十多天里积累的养蚕经验比过去三十几年还要多。他不是更疏离父母，而是更爱父母了。在与蚕共处的日日夜夜里，他仿佛听到祖辈养蚕时的心跳和脉搏，他感受到蚕桑文化延绵几千年的力量。在采桑、切叶、喂蚕的每一个瞬间，他都能看见母亲的身影。小时候母亲“捉”他来喂蚕，贪玩的他总是抗拒，如今这些记忆的碎片变成了人生中一闪一闪的星星。

除了养蚕，于建刚还有很多事想了解、想学习。他和妻子一起到处寻找老式丝车、织机，迫切想知道过去到底是怎么纺线、织绸的，那些手工做出来的丝绸，和当下工厂生产的丝绸，会有哪些区别？传统的手艺到底是珍贵的“技艺”，还是落后的、该被淘汰的“技术”？这些是夫妻俩乐此不疲想解开的谜题。

于建刚感到自己越来越像真正的农民，他不但学习农夫的生产技术，还过农民的节日。当你在城里读书、在城里工作时，你可以对农村的那些节日、祭拜嗤之以鼻，可以认为那是“愚昧”，是“迷信”。但当你是农民时，你有了只有“天”和“神”才能帮你完成的心愿，比如祈求风调雨顺、祈求蚕茧丰收，于是，你过起了和农民一样的节日。杭嘉湖平原的劳动人民发展出很多与蚕有关的节日和习俗。大年初四是祭拜“蚕神娘娘”的节日，这是当地人过完春节后的大事，家家户户点蜡烛、供祭品；清明时节举行蚕花会，敲蚕花鼓、献三牲、诵祭文、上蚕香、行祭礼，祈求国泰民安，蚕花茂盛；小满节气，娘家人带上鲜肉、黄鱼、包子、粽子、枇杷、鸭蛋等到女儿家串门，看看女儿的蚕养得好不好，叫“望蚕讯”……这些周而复始的节日，形成一个个稳固的锚点，让于建刚在纷乱的世界中感到安心，使他在相应的季节生出相应的企盼，这是他过去在外工作时没有的感受。

每一次重新了解家乡的事物，于建刚就像小孩在收割后的麦田里拾起遗漏的麦穗一样快乐。他甚至在这个过程中，重新“看见”了他的父亲。

他们所在的杭嘉湖平原，是一张由河流织就的水网，当地人给每一种河流都细细命了名：湖、浜、溇、漕、港、漾……浜指的是“断头河”，通常是河流的一端，适合村落定居；港指的是大河，与外部连通，且吃水较深，能行大船。父亲是在这氤氲千载的水汽中土生土长的男人。他的皮肤被阳光晒得黝黑，眼睛深邃如海，仿佛能洞察水下的每一个秘密。他能在水中自由穿梭，如同一条欢快的鱼儿。他的脑子里，存着一张精密的水网地图，年轻的时候划船出去，南过长安坝到杭州，西到长兴，在南浔的桥底下过夜，小心翼翼地沿着太湖岸边到苏州……

以前于建刚忙着读书和工作，眼睛“向外”，并不觉得父亲有多么了不起；现在，父亲成了他的英雄。于建刚狂热地想要追寻父亲的足迹前行。首先，必须会游泳，但这第一步就把他难住了：过去生养江南人的河流，变成了排放工业、农业和生活污水的水沟，他再也不能像父亲小时候那样一头扎进水里了。最终，于建刚和儿子在游泳馆学会了蛙泳。

金耀基先生在《从传统到现代》中指出：“20世纪里一桩最伟大与最庄严、最迷惘与最具挑战性的事实是全球文化与社会的变动……简言之，就是一个从‘传统’到‘现代’的大变动，也就是人类世界中所有传统社会都在逐渐地消逝。”

河流、桑地、稻田，正像年迈的老人一样，一日日衰竭。前不久，家门口修了一条大路，汽车马达声代替了过去稻田里的蛙鸣。小块田地逐渐集中到种植大户手中，为追求大规模、高效率，他们用无人机喷洒农药，农药随风飘到桑树上，隔壁村已经有蚕大面积死亡……

回村以来，于建刚眼睁睁地看着这一切发生，实现“在父亲的河流里划桨”的愿望变得愈发艰难。他和妻子是村里最后一代养蚕人和最后一代种菊人，夫妻俩想好了，如果家里拆迁，就搬去另一个村继续做。在年复一年的养蚕、种菊、种榨菜的日子里，他们愈发有了使命感——无论如何，只要天没塌，他们就要把祖辈的蚕桑文化和生活方式继续传承下去。

“梅和鱼”的坚守被越来越多的人看见。联合国生物多样性大会（COP 15）主办方注意到了江南的这个蚕丝小农场，2021 年 10 月，于建刚夫妇受邀来到云南，将“蚕—湖羊—杭白菊—榨菜”这样一种生物循环体系介绍给了世界各地的来宾。

于建刚不仅去了云南，他也去了上海、杭州、安徽……把“土里土气”的村庄故事分享给城里人，这使得他愈发有了文化自信。过去，农村总是“被教育”“被改造”的对象，就像班上成绩差的学生在成绩好的学生面前总是缺少骄傲的底气；如今，于建刚“送文化进城”，这让他有了扬眉吐气般的快感。

5 学霸的醒悟：放下智识，打开感受力

生活还在一天天地继续，两个蚕桑儿女在最后的江南小村里本本分分地制被、种菊。

那天，于建刚收到一条微博私信，这位网友诚恳地建议于建刚对蚕丝被进行分级，把坚守品质的和走量的分开来卖，这样规模和利润就提上来了。于建刚一听就懂，因为他上班时学过这个。他和妻子商量，妻子安静地听完，摇了摇头。“蚕丝被该怎么做就怎么做，换别的方法做我心里这关过不去。”

于建刚预料到了谈话结果，他不再提分级的事。妻子与他是完全不同的人。他写作发声、外出参会、与人交谈，她则安静地生活在自己的一方世界；他喜欢做计划，把每件事标上一个明确的时间，她则认真地洗菜、做饭、吃饭，认真地洗袜子，在应该交出新品的时间点，她却认为“还不够完美，再等等”。

鱼："不应该先把工作做好吗？"

梅："没有生活，工作有什么意义？"

于建刚的计划全乱了。他曾满怀雄心壮志，想把"梅和鱼"做成"世界上第一个由蚕农成立、以蚕农为灵感的丝绸品牌"。但纵使他把什么时候出新品、什么时候做宣传、今年要卖多少钱想得清清楚楚，但到了妻子这儿，一切又成了泡影。他看到越来越多的号称"手工蚕丝被"的店铺出现，照片一张比一张文艺，文案一句比一句煽情，这让他焦虑不安。他不知道他们的小作坊是否"可持续经营"。他过去是做商业咨询的，商业知识告诉他，要有一定规模、要保持一定利润。但他们的作坊，根本不符合商业逻辑。

"你太没个创业的样子了！"于建刚不止一次朝妻子发脾气。

玉惠不和丈夫计较。她像个深山里的扫地僧一样，不在乎外面的世界如何变化，只管按自己的节奏扫地。"梅和鱼"的真丝枕套原来有两个规格——基础重磅和深度重磅。基础重磅由于价格更低，销量大些，可玉惠却把销量大的这款砍了，理由是"枕套每天都要用，最好能耐磨损"。枕套有几款颜色，其中深蓝色卖得最不好，可玉惠却执意将其留下，因为"好看固然重要，日常使用中易于打理也很关键，深色比较耐脏"。

原计划在夏天上市一款真丝素绉缎睡衣，玉惠穿了一阵后，决定暂缓上市。其原因是在不开空调时，穿着素绉缎面料她觉得有点热。

她每做一个决定，都让他大为恼火，但他又提不出更好的理由来反驳。他像噎了一口饭在喉咙里，气闷得不行。他感到他能为“梅和鱼”做的事已经很有限，不如离开；可若真把所有事都交给妻子一个人，又有点放不下，他为此反复纠结了好一阵。那年春天，他病倒了。当沉重的身体开始恢复时，他强烈地感受到必须出去走走。过去几年，动机、决策、发声，都在他一人身上，妻子更像是个追随者。现在，他看到了妻子坚定、不可动摇的一面。

他来做，最多能把“梅和鱼”做到市场现有最高水平；她来做，则能创造出市场上看不见的东西。这一点，他心里清楚。

他返乡是为了寻求身份和文化上的认同，现在这个愿望已经实现了。接下来，“梅和鱼”就由妻子来主导吧。做好了决定，于建刚背上行囊四处散心。他本打算去黄山朋友那里待一阵，可赶上梅雨季，刚恢复的身体在潮湿的山区有些招架不住，于是他匆匆下山。到了车站，于建刚突然不知道该去哪里，是继续旅行去景德镇还是去别处……最后他回了浙江。

回到家中，看到妻子有条不紊地照顾家里和淘宝店的一切：

白天拉被子、研发新品、解答客户疑问、打包发货，晚上照顾两个儿子上床睡觉。于建刚觉得自己成了多余的人，他又一次失去了方向。

夏季，于建刚再次出走，这次他去了更远的地方。他坐在北方阿拉善的沙丘上注视着骆驼缓缓走过；他在南方湛江的小餐馆里吃无名的海鲜；他在“千年商都”、海上丝绸之路的起点之一广州久久凝视街头如梭的游客、商人、打工族、流浪汉……但这一切和他有什么关系呢？

一起客户投诉将他拉回了现实。这位山西的顾客连发了数条微信，句句都是怨气：做工堪忧呀，针脚很稀疏，被子不会乱吗？无语了，布料也是没法说，太差了。

对于这种指责，于建刚当然知道怎么解释：针脚稀疏是因为他们保留了长丝，只需要稍微固定几个点，被子就不会乱；只有市面上的短丝才需要把整个被子绗缝固定。布料相较于那些华丽的缎面是“寒酸”了点，但那是为了把蚕丝的柔软性和透气性最大限度地保留……

正安抚着顾客，于建刚不知怎么想起了妻子。对于产品，妻子以“体感”和“日用”为标准；对于“创业”，妻子以不影响生活和过得自在为标准。因此，妻子很少像他那样患得患失、紧张焦虑。猛然间，他的脑海中响起了一个遥远又熟悉的声音：“小鱼，放下智巧，去感受。”那是很多年以前在广西大瑶山，“情意自然教育”的清水老师对他说的话。

原来，他才是那个过度使用智识、感官全面退化的“城里人”！他知道用逻辑做决策、用语言文字去表达、用时间表做计划，但恰恰是这些所谓的“智识”成了他感受生活的最大障碍，他和那个不分青红皂白认为“布料太差”的顾客有什么区别？

他为此前误解妻子、斥责妻子“太没个创业的样子”而感到万分惭愧。妻子不是学面料、学手艺出身的，但在日常的点滴中，在对身体的关照中，她发展了一套独特的产品哲学：遵从体感，回归日用。在感受力方面，她是他的老师。

于建刚仿佛一位在恒河岸边顿悟的修行者，内心充满了喜悦与满足。他决定马上启程回家。他完全相信妻子能在“体感”和“日用”的设计美学中不断创造惊喜。而他，则用自己的时间、知识、技能效力于她。

一日，于建刚看到一个故事，大意是一个藏族女生留学归来，带动藏区妇女用牦牛奶制作手工皂，卖到上海、巴黎，帮她们提高收入。

鱼：“我们不就是这个藏族女生吗？”

梅：“不，我们是藏区妇女，或者是牦牛。”

听了妻子的话，于建刚忽然明白了什么。

“我想好了，我们就这样慢慢做，从早到晚，1天做4斤丝；春夏秋冬，做一年，年复一年。”梅说。

对，年复一年。1月祭蚕神，2月剪桑条；5月养春蚕，养完春蚕插秧种水稻；6月养夏蚕，8月、9月养早秋蚕；9月、10月桂花开的时候，养桂花蚕；到10月底，天气变冷就不能养蚕了，就该采收杭白菊了……

日子一天天过，不问为什么。四季轮转，生命不息，循自然节律而动，生活就是一首诗[①]：

收蚁：头眠

一日：二龄给桑

二日：二匾扩四匾

三日：清理蚕沙，二眠

四日：提青，饷食

五日：三龄，四匾扩八匾

六日：采蝴蝶叶

七日：提青

① 本诗摘自于建刚所作《返乡二十载，土地有神灵》。

八日：三眠

九日：出火饷食

十日：采片叶

十一日：四龄，清理蚕沙

十二日：采桑

十三日：提青

十四日：大眠

十五日：继续大眠

十六日：五龄饷食

十七日：剪杠条叶

十八日：地铺给桑

廿三日：上簇

廿四日：桑树夏伐

廿五日：营茧

三十日：采茧

CHAPTER FIVE / 第五章

“隐居”乡野，建造精神庄园

1 独居小院的男人：孤独，但不孤单

成都龙泉山桃源村有一个小院，院子里住着一个单身男人，他每天煮茶、扫地、站桩、做埙、种花、打坐、写书。来找他的人很多：焦灼的家庭主妇、单身带孩子的父亲、患重病的人、想学吹埙的人、想学作诗的人、想体验田园生活的人……每年高考结束，“来此一游”的人更是爆发性增长，妈妈们向他诉说做主妇的痛楚、孩子不听话的痛楚以及对未来的种种迷茫。

不少人拜他为师，跟着他数月，甚至数年。

厚土先生今年 43 岁，在人群中你很容易一眼认出他：他留着及肩长发，而且头发天生卷曲，像是烫过一般，这发型不输给舞台上精心打扮的男明星。他身材精壮，有一股超然脱俗、物我两忘的气质。

两年前，厚土先生在这里租了一栋有四间房的农舍，并顺带租下了两分菜地和一亩果园，果园里有梨树、李子树、桃树、樱桃树、枇杷树、核桃树、银杏树，还种了一些草药和多肉植物。院子里有柿子树，院门口有杏树。

这里是龙泉水蜜桃的发源地，有“中国水蜜桃之乡”之称。每年春季，桃之夭夭，灼灼其华，厚土先生的小院，就坐落在这一大片桃园之中。

厚土先生没什么烦恼，生活闲适，也无须为钱担忧。不过，这种生活是他前半生用汗水、贫穷、远行跋涉和婚姻的终止换来的。

厚土先生本名江伟伟，出生在河南新安县梭罗村。很久以前，村里有一棵流传百年的古树，名为梭罗。据说梭罗树每一枝上只有 7 片叶子，象征幸福吉祥，因为年岁古远和保护不力，树已经枯萎死去，但“梭罗村”的名称却长久地保留了下来。“江”是村里的第一大姓，占总人口近一半。厚土先生的童年就在这村里度过，小溪、牛羊、鸟兽伴他长大。

小时候，江伟伟就显得和其他孩子不太一样。他走路时会思考各种各样的问题；他对大人的面相感兴趣，小小年纪就研究人的想法和面相的关系；他晚上睡前会做“回顾练习”，去回溯自己上一秒在想什么，上上一秒又在想什么。

果真，他是读书的料。他考上了西北农林科技大学（简称西北农大），成为全镇第一个考上重点大学的孩子。没有与任何人商量，他早已做好决定——选荒漠化防治专业。这不是什么热门的能挣大钱的专业，但他喜欢。他从小喜欢海洋与沙漠，喜欢它们的广阔无垠与自由。与海洋比起来，沙漠似乎更自由些，因此他选了沙漠。面对厚厚的选专业的书，他只花了几分钟就定下来了——西北农大的荒漠化防治专业。这是他填的唯一学校和唯一专业，且不服从调剂——考不上就回家供弟弟上学，他在心里想好了“退路”。

当一个人怀有赤子之心的时候，老天都不忍心伤害他。最终他考上了，一分不多，一分不少。

上了大学以后，江伟伟才意识到现实没有他想象中的那么浪漫，他和大多数学生一样面临两条路：要么考研，要么工作。若说考研，江伟伟对一些学术乱象不能释怀，因此早早放弃了考研的打算。至于就业，专业对口是去水土保持局，这不是他的向往之地。这次，他确实被困在了人生的“沙漠”中，茫然无措，不知该去往何方。

2 构建自我：

在被遗忘的山区，免费给贫困儿童上课

冥冥之中，他感到做一名老师或许是他的归宿。他想成为的“老师”，不仅仅指那种按时上下班、在某个学校工作的人，更是“传道授业解惑”的仁者和智者。可是从哪里开始呢？他可以教别人什么呢？惆怅之中他写下了一首诗：

落日－长安－流浪

叶落萧萧风阑珊，半边落日满长安，
十载灯下吟游子，一旦徘徊渭水边。
渭水欲作汨罗水，西风却吹浑浊岸，
愿立君志为人师，结草成庐灯不寒。

当时江伟伟是位小有名气的校园诗人，尽管网络还没那么发

达，但这不妨碍他的诗从各种神秘的渠道向全国各地流传。就在毕业前夕，他收到一封来自广西的信，在信中他赫然看到自己的诗被整首抄了一遍，瞬间他感到遇到了知音。写信的是一位叫萧望野的女士，她在信中介绍自己在广西的一个贫困县给孩子们义务上课，希望江伟伟也能过来帮忙。

给贫困地区的孩子上课？行！

江伟伟听从了命运的召唤，马上把能卖的书本、物品都卖掉，只留下几件随身行李，动身去了广西。

“做这个事没有钱。”萧说。

“我不要你的钱。”江说。

那时，江伟伟还不知道，广西之行是他人生的一个重要开端。就是这趟行程，使他这个理科男一天都没有在对口的单位上过班，而是转入了另一个领域——教育，准确地说是对“生命应该是什么样”的探寻。

江伟伟来到了广西东兰县一个叫那美的地方。虽说对于当地的“穷困”他有一些心理准备，但到了以后，实际情况超出了他的想象：他看到一个 7 岁的女孩子背着竹筐去割草，割完草回家她不但要把猪喂了，还要照顾生病的奶奶和年幼的妹妹。而她的父母，则双双在外打工。

江伟伟明白，这里有太多事等着他去做。

在一个用黄土堆成的旧屋里，江伟伟和萧望野一起给一群2~4岁的孩子上课。这间“教室”有二三十年的年头，木头发出陈腐的气味，但还未坍塌，为脆弱的孩子和两位远道而来的老师提供有限的庇护。房子会漏雨。有一天，雨很大，雷声也很大，一位农民跑到教室来借雨衣，看孩子们在“雨中”上课，就悄悄地走了。

江伟伟借住在村书记家中，每月给书记交50元食宿费。书记说50元的食宿费是不包含肉的，想吃肉得交100元。不过，这条规定并没有严格执行，江伟伟虽然只交了50元，但还是吃到了一些肉。由于道路崎岖，交通闭塞，当地最普遍、最好用的交通工具，是马。江伟伟只好“入乡随俗”地买了一匹马，这花去他900元。

尽管这里物资匮乏、生活困苦，但恰恰是在这样的地方，这位大学毕业生见到了对他的精神世界产生重大影响的人，学到了学校里没有提及过的知识理论。

首先要介绍的是江伟伟的同伴兼师长萧望野。这个女人带着她3岁的女儿，从北京来到广西，免费给孩子们上课。萧望野认为现代教育可能忽视了“人性”的部分和“精神”的部分，过分注重读书考试，因此她想探索出一种更加全面、理想的教育方式。

江伟伟跟着萧望野上课，把游戏、手工、音乐、色彩带给山区这些饭都吃不饱、衣都穿不暖的孩子们。山里的孩子不但缺物质保障，更缺的是一个长久、稳定的家，一个精神港湾。他们大部分没有父母的陪伴，“爱”于他们来说，是比“钱”更稀缺的东西。萧望野希望带给孩子们很多爱，以便孩子们的精神世界能像被春雨滋润的植物一样恣意生长。

在学习过程中江伟伟了解到了“十二感官”理论，它来自人智学。所谓的感官，大家其实并不陌生，比如看到的叫视觉，摸到的叫触觉，闻到的叫嗅觉。而人智学认为，人除了常见的触觉、嗅觉、味觉、视觉、听觉，还有生命觉、动觉、平衡觉、温度觉、语言觉、思想觉、自我觉，总称为“十二感官”。

如今的孩子、成人遇到的问题中，一大半可以归结为“感官失调”。感官是一个生命的基础，知识则是“上层建筑”。可是我们的教育企图越过“基础”，直接追求“上层建筑”，在这个过程中，我们丢失了可贵的感官，我们变得不了解自己，我们心理异常，我们四肢无力，我们时时崩溃……

江伟伟大受启发，从那时起，对感官理论的研究伴随他的后半生。他后来甚至自己写了一本叫《自然感官教育学概论》的书，里面详细讲了每种感官对儿童的成长起到什么作用，而如果感官得不到充分发展，又会产生什么问题。

不久，江伟伟结识了又一位非同凡响的人——卢安克。这位来自德国的小伙子也在进行免费教学，和江伟伟他们在同一个县但位于不同的镇。卢安克给只会当地方言的孩子们教普通话，还教自然科学、美术、音乐和综合实践活动课。他一年又一年地在东兰县板烈村小学任教，不收取一分钱。尽管学校和家长多次提出要给他报酬，但他拒绝了。他知道，一旦拿了钱，家长们就会向他索要一个叫“成绩”的东西。

江伟伟与萧望野、卢安克结下了深深的情谊。这两个人的事迹对他产生了巨大的影响——“帮助需要帮助的人”，从小，他的父母也是这么教他的。

一次，母亲带着年幼的江伟伟从镇上赶集回家，路上遇到一个捡破烂的人拉着一辆很大的车上坡。母亲立马把手里的东西交给儿子，自己去帮忙推车。母亲常说：“气力这东西，歇歇就会回来。”

父母一边务农，一边细心照顾老人，也就是江伟伟的爷爷奶奶。一次家族聚餐，奶奶突然被痰卡住难以呼吸，情况危急。老江，也就是江伟伟的父亲一个箭步冲上去用管子吸出了奶奶的痰。奶奶的好几个儿女在场，只有老江及时采取了行动。

就因为孝顺，老江甚至救了他自己一命。那天他请假回来帮自己的父亲，也就是江伟伟的爷爷收庄稼。就在那天，一个噩耗传遍了村子的每个角落：煤矿塌方了，总共 10 个人，只有 1 个幸存。老江就在那个煤矿工作，他因为帮老父亲收庄稼而躲过了这个劫。

在江伟伟眼里，父母就是大海，而他是不断受到海水滋养的一条小鱼。他希望自己能和父母一样，和萧望野、卢安克一样，去帮助更多的人。

不过，现实像个无情的铁锤，不断锤炼着这个才 20 岁出头的年轻人。

村里孩子上小学要走 1 小时的路，可当时国家推行“撤点并校”，将村里的学校并到镇上，这样一来，孩子上学的路程更远了，家庭的负担更重了。萧望野知道这个情况后，去找县政府要经费，想在村里建一个学校，没想到真的要到了 50 万元。

钱有了，江伟伟却犹豫了。那时他只是个刚毕业的大学生，对于今后要干什么、怎么干还所知甚少，他还不具备运作一个学校的能力。他向萧望野坦言他做不了这个事。与此同时，他的钱也用尽了。那时他已经在村里待了 6 个月，不但分文未拿，还要自己解决生活开支。他不得不考虑去别的地方谋生。

江伟伟走后，剩下萧望野一个人，办学校的事不了了之。这成了江伟伟很长时间里的一个遗憾。

“如果现在给你 50 万元，你能做起来吗？”我问。

“现在当然可以，当时太年轻，缺少阅历，有钱也做不了。”江伟伟说。

虽然不得不离开，但那美清晨令人如坠仙境的山雾、春日满山的雪白梨花、溪边的青石、云边的日出都深深刻在了江伟伟的记忆中，成了他青春岁月的一曲绝响。“春含翡翠山含水，新鸭默默莺多嘴。”江伟伟为那美写下了无数诗句。他把在那美以及之后写的诗编作一册，名字就叫“那美诗选”。“谨以此集送给萧老师、那美的村民、从德国远赴中国支教的卢安克、朋友们和自己。”江伟伟在诗集中写道。

他知道，今后的人生注定要走很远的路，翻越很多座山，但他不会退却，因为那美已经在他心里播下了无可磨灭的火种。他写道：

流浪者的路途，
兴许有一些浪漫，
更多的只能是孤独和艰辛……
但我们热爱生命！

青春的花开花谢，
让我疲惫却不后悔；
四季的雨飞雪飞，
让我心醉却不堪憔悴。

3 看见天命：

原始而粗犷的乡土气，成了帮助别人的“超能力”

离开那美之后，江伟伟开始了一站又一站的流浪、一站又一站的追寻。哪里需要他，他就去哪里帮忙。他在广西某大学当辅导员；在山西某初创学校帮忙招生、做教师培训；又去了北京的小毛驴市民农园，2008—2009 年，“小毛驴”刚刚开始筹建，荒草丛生，无人问津，他在那里帮忙开荒、种地、造房子；之后他去了海南帮朋友做社区大学，帮农民成立合作社……这些工作的报酬一般几百到一两千元，要知道那时候江伟伟已经毕业四五年了，如果在职场，大概早已事业小有眉目，但江伟伟宁可在广阔的天地间做一名行脚僧。

江伟伟的居无定所、“一事无成”引起了父亲的忧愁。他们家三个孩子，只有长子江伟伟上了大学，弟弟、妹妹都早早地打工了。母亲一向宠着大儿子，她没有提出异议。但父亲却有一番话想说。父亲平时总是沉默的，有一回喝了酒，才缓缓对儿子说：“全家的希望都寄托在你一个人身上，我们还指望你扬眉吐气！”

江伟伟只说了一句，就打消了父亲的忧虑：“我是在给家里积德，为子孙后代修福报。”父母明白了儿子的心意，他们再也不说什么了。

如果回顾江伟伟自毕业到现在这近20年历程中的事件，你会发现它们有一个共同点：关乎公益或教育。他是在不断地在探寻更良善、更美满、更健康的人性。

2011年，30岁的江伟伟被朋友邀请到重庆做华德福学校的老师，从此他对生命成长的探索又上了一个新的台阶。在工作中，他观察了大量孩子和他们的家庭，逐渐有了一套自己的教育观和人生观。他总是把身体、情绪、家庭氛围等因素综合起来解决问题。例如，有个孩子不爱学习，功课总是落在后面，上课的时候经常说肚子痛，课余爱玩游戏，还骗家长说作业做完了。江老师一了解发现，孩子的父母是经商的，夫妻俩永远在追赶时间，忙于和客户、生意伙伴打交道，压力极大，根本顾不上孩子。而且夫妻关系极其紧张，夫妻吵起架来甚至相互扯着头发吵到街上。妻子才30岁出头，身体却已经垮了。她心脏不好，动不动就要去抢救，而且还怀着二胎。医生诊断后摇了摇头，说她可能活不久了。

江老师先从夫妻俩的生活状态入手，先让他们调整生活节奏，改变心境。在江老师的影响下，夫妻俩的关系逐渐缓和，甚至整个家庭的关系也开始好转。家庭变了，孩子就变了，他越来越懂事、体贴。后来，夫妻俩想明白了很多事，他们把多套房卖掉，只留一套；多辆车卖了，只留一辆。他们还双双改了行，转做更适合自己的事。

登门拜访江老师的人越来越多。他并不是有通天的本事，而是对什么是“正常”有着近乎本能的觉察。他知道，很多现代人的病，源于“失常”。把“失常”调整为“正常”，问题就解决了。江老师的领悟力和觉察力，来自童年时期在乡野之中的探索和思考，来自青年时期在大江大河之间的苦行和求索，来自中年时期为孩子们备课、上课以及和他们玩耍、建造、歌唱……

2014 年，江伟伟到成都一所华德福学校任主班老师，其间，他结识了他后来的妻子，这使漂泊的他在美丽的“天府之国”安了家。妻子也是一名华德福学校的老师，两人对教育有着共同的追求，成了令人羡慕的神仙眷侣。

4 玩物亦修行：

吹埙烧埙，因为很“土”所以着迷

业余时间，江伟伟博览群书，广习诸艺。除了写诗，他也吹箫、弹吉他。那年他还在北京时，他跟着“小毛驴”团队去成都访学，他们来到了洛带古镇。正走着，江伟伟听到青瓦白墙的古建筑中，传出一阵悠扬而质朴的旋律，他马上辨认出，这是埙。这声音打开了他记忆的大门，把他带回家乡梭罗村。在那一片黄土地上，他父亲也吹过埙。他在这声音中找到了自己的来处，像他乡遇故知般感到一种强烈的归属感。

埙是很“土”的乐器，它不像小提琴、钢琴那样精致而复杂；一团毫不起眼的陶土，就构成了这件乐器的全部。正是这种质朴，打动了江伟伟。他觉得自己就和埙一样，来自泥土，毫无雕饰；但他也应该像埙一样，努力活着，奏出美妙的人生之音。埙，成了江伟伟的影子，成了另一个自己。

回去之后，江伟伟买了一个埙吹着玩。后来他做了华德福学校的老师，生活逐渐稳定，他就花更多的时间来钻研古埙，甚至专门拜师来学吹埙。几年下来，江伟伟愈发沉迷，买来的埙已经不能满足他的需求，他打算自己做埙。那时江伟伟技术入股了一家自然教育机构，任首席执行官，工作之余，他一头钻进了埙的世界。他用砖砌了个柴窑，再用陶土把埙一个一个地捏好，土埙晾干后就放进窑里烧。因为湿度不同、天气不同、捏的力度不同，甚至捏时的情绪状态不同，每个烧成的埙都千变万化，就像孩子一样各有特质，每个都是独一无二的，这让江伟伟特别着迷。他一遍遍地烧，有多的，就拿来送朋友。

在公司工作期间，江伟伟收入还不错，但在内心中，他显然知道这不是他一直追求的人生图景。况且，他真的不喜欢长期待在城市里。在城里，他会闻到一股恶臭，在乡野里则没有。每一尊神像都要有适合自己的庙宇，江伟伟尚未找到一座让他心生向往的“庙宇”。

公司渐渐步入正轨后，江伟伟的工作没有那么繁忙了，他感到光拿钱，又没干什么事，这不符合他的人生原则，索性辞职。就在这时，龙泉山上的一所华德福学校邀请他去做初中老师。去山上？江伟伟感到这将是他的又一个新历程，他不知道未来会发生什么，但心不会骗人，他知道他的心此刻正欢快地跳动着、期待着、憧憬着。江伟伟很快在山上租下了一个小院。此时他的儿子已经出生，他打算一边教书一边带儿子。

上山前他问妻子去不去，妻子坚决地摇了摇头。妻子此时在一所华德福幼儿园任教，她爱她的工作，她爱她的教师伙伴，她一点也不想离开她熟悉的环境。况且，妻子对山居生活可没什么兴趣，她从来没有想过要住到乡村去，反而心心念念地要留在城里，打算在城里买房。

他，向往广阔的山野；她，喜欢安稳的城市。面对如此大的差异，两人都对对方表示理解和支持。他们商量好了，一个住山上，一个住城里，儿子谁有空谁就多带。

上山以后，一切都让江伟伟满意。他不在乎房子简陋、交通不便、粗茶淡饭，相反，他慢慢找到了合自己心意的生活节奏，如鱼得水。只有一件事在他的意料之外，那就是儿子比预计的需要更多时间照看。那时儿子才不到两岁，正是需要密集陪伴的时候，夫妻俩必须有一个来做儿子的主要照看者。然而，妻子不愿意放弃工作住到山上来。江伟伟最后决定，自己辞职，儿子他来带。

他想过了，他的收入包括以下几种：去外面讲课、做埙卖埙、收徒弟，虽然不稳定，但也够用了。对于未来，他一点也不恐惧。

成为自由职业者之后，江伟伟更加用心地生活，更加自在。他晚上 8 点便睡，在 2—6 点醒来，若醒得特别早，就写书。他早上站桩，晚上打坐，中间浇花、种地、做埙、带徒弟。

他在中医、心理学、人智学方面的学养越来越高，找他的人越来越多。后来，他有了一个新的称号：厚土先生。

“我今天要是没回微信，就是自杀了。”一天，厚土先生的小院里来了一个家庭主妇。主妇这个“职业”，她已经做了 16 年。她满脸倦容，一条条皱纹像刀子一样刻进她的皮肤。随着孩子日渐长大，她突然发现，她已无处可去，无事可做。她觉得自己在家中的地位越来越低，丈夫的一个眼神都会让她难过很久。儿子正上高中，对她越来越不耐烦，一言不合又是一场战争。她想到了死。抱着最后一丝希望，她来到了龙泉山，桃源村。

厚土先生不慌不忙地和她聊了人的几种死法。后来，他递给她一团陶泥，邀她做埙。做埙，需要把所有的思绪集中到手里的这团泥上来。你要把一团“死”的泥反复揉捏，让它“活”起来，最后捏成一个浑圆的球；再细细去构想你想捏的形状，直到泥球一点一点变成一个埙。思绪，不能放在孩子上，不能放在工作上，也不能放在股票上；不能想过去令自己后悔的事、烦闷的事，也不能想未来担忧的事、未做完的事。你要把思绪一次次地拉回来，让它刚刚好落在你眼前的这团泥上。一开始，你的想法没有那么听话，它会到处乱飘，直到经过“刻意练习”，它才会在陶泥上越待越久。如此一来，你便有了“偷得浮生半日闲”的快乐。

当你的精神得到恢复时，身体就日渐强健；当身体强健时，抑郁、焦虑就不再缠着你。原先世界总是阴雨绵绵，现在你会觉得阳光洒满角落。古人早已发现这个秘密，《黄帝内经》有云：“恬淡虚无，真气从之，精神内守，病安从来。”

几乎所有人都有一种感觉：只要到厚土先生的小院看一眼，看他如何烧火、喝茶、吃饭、做埙，并和他聊上几句，心中的焦虑就少了一大半。

这位主妇觉得好多了。此后的很长一段时间，她每天都来，后来把她的丈夫、儿子也都带了来。一家人都在这里找到了一种久违的平静，他们时常过来做义工、捏埙。厚土先生还教他们收神、打坐、观呼吸，并调整生活习惯，早睡早起。

后来，这位主妇渐渐重获了内心的丰盈和力量，她顺利找到了一份工作。

在向厚土先生寻求帮助的人群中，有一类特殊人群，他们是自闭症家庭。孩子一病，父母也“病”了。很多夫妻学历好、收入高，在孩子出生之前，他们觉得自己是命运的宠儿；孩子出生之后，他们猛然承受了巨大的心理落差，时时在想：“为什么是我们家？”自从孩子得病，家中就被一团黑云笼罩，压得每个人都透不过气来。

一位母亲辗转打听到厚土先生，带着她患自闭症的孩子来了。她一来就开始滔滔不绝地倾诉，讲她这几年是怎么带孩子治病的，哪些渠道不对头，哪些又还可以；她的丈夫是什么态度、其他家人又是什么态度……她一直说，一直说，仿佛要把这么多年的委屈和苦水一次倾倒干净。厚土先生不说话，静静聆听。

厚土先生拿起埙吹了一曲，他看到那孩子歪着头在听。这类孩子感官敏锐，音乐会在他们的心里产生美妙的震颤。

那天，这位母亲向厚土先生拜了师，至今 8 年了。8 年前，她比今天更苍老，晚上睡不着、眼袋重、脾胃虚；如今，她喜乐平和，像换了一个人。她的丈夫原本不能接受孩子得病的事实，感到无力和绝望，现在，他比过去更加感到满满的爱围绕在身边。他甚至调整了自己的人生方向——原先他只知道工作、挣钱，仿佛人生只能这样过。后来，他发现了自己其实更喜欢自由自在的生活，他辞去工作，成了一名自由职业者。

“你觉得你为什么能让这些家庭产生那么多变化呢？”我问。

“应该是因为我的人生观吧。”厚土先生说。

“你的人生观是怎样的？”

“第一，当下；第二，感官，每种感官的前提就是回到当下；第三，对生命的尊重，看到孩子好的部分、美的部分。”

5 厚土人生：

在泥土的负荷与柴火的炙热中前行

厚土先生怀着巨大的慈悲去帮助那些生病的人、忧愁的人、找不到价值感的人，他也去帮助无数个面临分崩离析的家庭重获宁静和喜乐。可他万万没有预料到的是，自己的婚姻亮起了红灯。

当他在山上过得越来越自在时，他的妻子却在城里过得越来越忧伤。他的妻子明白，他们两个越来越没有交集了，维持这样的婚姻越来越没有必要。如果这份婚姻要继续存在，势必有一个人要做出巨大的牺牲——如果他下山去陪她，那么他将失去所有来自山野自然的养分，变成都市里的一粒尘埃；如果她上山去陪他，那么她将失去她热爱的工作、她的社交圈、她的都市梦。

谁都没有错，谁都不该牺牲。他最终同意了妻子的离婚诉求。尽管理性上他知道离婚对双方都好，但情感上他久久不能割舍。他把最深沉的爱给了妻子，妻弟要买房，他毫不犹豫地掏钱；丈母娘生病，他全力去照顾；妻子生产、坐月子，他全程陪同，一步不离；儿子需要人照顾，他宁可自己辞职带娃也不想妻子太辛苦……他感到巨大的精神空洞，一时不知怎么面对一个深爱的人突然离开他的生活。他又一次如置身沙漠中，这一次，他感到无边无际的孤独，说任何话、做任何事都没有人回应的孤独。

他时常在破晓时分独坐。望着远山，听着鸡鸣，他知道，不管他愿不愿意，人生都该进入下一站了。

他了无挂碍地制陶、烧陶、吹埙……他的音乐更加空灵，他做的陶土器皿更加有情感和温度。

他原本有个简易的小窑，现在他决定做个更专业、更大的窑。他带着徒弟一铲一铲地挖土，一块一块地垒砖。挖一个浅浅的小洞，你不会感到疲惫；但若挖一个冰箱那么大的土坑，你将感到身上的每一块骨头、每一块肌肉都在呻吟。

厚土先生的鞋子、裤子、脸上、指甲缝里，甚至头发丝上，都粘上了黄土。晚上，他无力洗澡，和衣倒头便睡。第二天，他继续挖土，挖完土就开始垒砖。专业的耐热转，一块 8 斤重，总共 1000 块。建窑，就是把这 8000 斤砖一块一块地搬放到特定的位置，并用防火泥固定好。他忘情地劳动，当他感到精疲力竭时，他会想起他的父亲。他觉得他和父亲比起来，还是差远了！父亲是他的灯塔。他现在不过是挖一个烧陶的窑，可父亲一个人挖出了供他们一家五口人居住的窑洞。父亲是那样勤劳、坚忍。家里两亩地，父亲尽其全力，起早贪黑地干；到了后来，种地不够养活全家，父亲又去打工。厚土先生在《打工随笔》里记录了父亲无言而苍老的身影：

往年的此时，
电话总是妈接。
——爸呢？
——去打工了。
我心疼！

今年又打回去，
我叫妈，
却听到爸的声音。

忽然落泪了，
心痛地倾听着，
苍老的父亲。

父亲的奉献、忍耐，早已融进儿子的血液里；劳动不单单意味着付出力气，更是成了某种永恒的象征和精神指引。青年时代的江伟伟跑去北京的“小毛驴”帮忙，在日记中写了这么几句话：

“现在的小毛驴农场，人力播种的时候，大家戏称彼此都是骡子。我甚至喜欢这个称号，觉得骡子真是很有诗意！”

流汗，让肌肉爆发力量，让手指变粗壮，让手上起硬茧。唯有如此，才能在人生的战场上获胜。

新的窑终于造好了，只等泥坯入窑。除了埙，厚土先生还做了很多茶具、餐具。他说：“现在的餐具太差了。且不说存在重金属污染的风险，更重要的是没有能量，不养人。”

“怎么才算‘有能量’？”我问。

“比方说一个杯子，现代工艺几秒就做好一个，没有时间的沉淀，没有灵气。手工做杯子，要把一团乱泥慢慢捏成型，先捏成一个浑圆的球，我一般会捏得非常非常圆，而且心无旁骛、很用心地捏。接下来，开始捏杯子，如果你把捏杯子过程的每一个瞬间都拍个照，拼在一起，球是不是就变成了一朵花？这样做出来的杯子，上面有你的指纹，有你当时用的力量，有你当时的心情，有你当时的全部信息。

“这样的杯子，用起来你会感觉特别明显，水倒进杯子里，喝起来是甜丝丝的。但用买来的餐具喝，就是自来水的味道。”

他说完，我顿时觉得我的生活过得好粗糙。我尚未把握住每个真实的瞬间，喝水的时候，我可能在想别的事，也就错过了对杯子、对水的真实知觉。

柴火烧窑需要人时时看守。依据窑的大小和器皿多少，一般要连续烧一天一夜，甚至三天三夜，这个过程中要不断向窑里添木柴。烧窑期间，厚土先生带上酒、花生米，整天整夜看护火苗。热浪烘烤着窑里的器皿，也烘烤着江伟伟结实的身躯。他汗如雨下，燥热无比，但他不能离开。他盯着烈火，看着它变幻多端的色彩，黄色、橙红色、大红色交织成一幅热辣辣的油画。

终于烧制完毕，厚土先生双眼布满血丝，浑身沉重无比，他需要彻底休息。火焰烧干了他体内的水分，就像水稻田突然被放完了水，又被毒辣的太阳晒了十天。烧窑后的两个星期，他看到水就想喝。他耐心地等待恢复元气，直到下一轮烧制开始……

陶器出窑的那一刻，厚土先生那张被胡子、长发盖住的脸上，露出孩子般天真的笑容。“入窑一色，出窑万彩。”用同一种陶泥做的器具，因其中含有的微量元素经历了火性幻化，出窑后色彩斑斓，或如云彩灿烂，或如海中怒涛。这是金、木、水、火、土共同幻化出的杰作，这令厚土先生着迷。

厚土先生烧的碗、碟、杯、埙给他带来一小笔收入（他更大的收入来自带徒弟）。43岁的他毫无经济上的忧虑，也没有别的烦恼。

“没烦恼，但有困难。”他说。

“有什么困难？”我问。

“我想做一个小庄园，目前需要找地、存钱。”

“在庄园里都做些什么？”

“还是做和现在差不多的事，种菜，做有灵性的艺术品和实用物品，书也要继续写。庄园里会有小作坊，人们可以在这里获得工作，以及一切需要的东西。”

“你现在的院子不够用吗？”

“用也能用，就是有点小。比如有人想来种地，地没那么大；或者有人想打铁……”

“那你想好了往哪边找吗？东边？西边？”

“还没具体想，现在还没到时候，但大方向是明确了的。”

烧旺的火炉上，放着一个通身焦黑的老铁壶，里面咕嘟咕嘟地煮着山泉水。厚土先生往炉里添了一块柴。他把一个古埙放在嘴边，一种古老而悠扬的曲调在桃源村响起……

CHAPTER SIX / 第六章

人到中年，换种方式"拼事业"

1 打手电连夜阅读：

一本“奇书”和一个大学生的惊诧

1920年，一艘海轮从美国西海岸驶向中国上海。船上，一位中国青年目光坚定地眺望着远方，急切地盼望着祖国大陆在海平面显现。这年他30岁，刚刚取得普林斯顿大学历史学硕士学位。普林斯顿大学不但有着庄严的学术氛围，还有自成一个天地的研究院课堂和宿舍，林荫夹道，湖光环绕，恍若世外桃源。每个研究生有一套房，共3间：起居室、书房、卧房。这是他生平住过的最舒适的地方。

但是，与这种生活形成鲜明对比的，是当时自己国家社会中的贫穷与苦难：政治动荡、文盲遍地，人人都如难民般面黄肌瘦；妇女缠足，有的缠到几乎不见有足……

他和当时的很多中国知识分子一样，一遍一遍地思考着如何把国家从这种水深火热中解救出来。他的名字，叫晏阳初。

回国前，一次偶然的经历让晏阳初找到了一个具体的救国方案。1918 年，他在耶鲁大学修完本科学位后，前往法国从事面向华工的服务工作。没多久，他发现华工最需要的一项服务是代笔写家信——那时的华工都是文盲。一开始，他帮几个华工写了信，可后来，每天夜晚都有几百个华工找他帮忙。纵有三头六臂，他也没法帮全体 5000 名华工写信。于是，他把华工全部召集起来：“从今天起，我不替你们写信了，也不讲时事了。”

台下一片哄笑，以为他在讲笑话。他又说：“我要教你们识字、写信。”台下又大笑。

“谁愿意跟我学，请举手。”

顿时鸦雀无声。过了一会儿，40 多只手怯生生地举了起来。

“愿意学的人，今晚来找我。”

那一晚，他终生难忘。他用一张小石板、一支石笔开始了他的教学，先教“一、二、三、四、五”，再教阿拉伯数字。他一本正经地教，华工一本正经地听。“他们聚精会神地看，好像每个字都是奇妙的。我用石笔在石板上写，他们跟着用右手食指在大腿上画，眼中闪着光，嘴里念着数，那种认真而诚挚的样子，纵是铁石心肠者，见了也会感动。”[①] 那年他 28 岁，当他 90 岁回

① 晏阳初，赛珍珠．告语人民．桂林：广西师范大学出版社，2003：254.

忆往事时，那个夜晚仍在他心中荡起层层波澜。

渐渐地，越来越多的华工在夜晚放弃了休闲娱乐，他们自觉地聚拢到了晏阳初的小石板旁。最终，他的教学对象从最开始的几十人扩展到了全体 5000 人。随着华工阅读能力的提高，他又为华工编写了识字教材，并创办了《华工周报》，为华工提供日常读物。

《华工周报》发行数月后的一天，晏阳初突然收到一封奇怪的来信。信上的字迹显得幼稚而淳朴，像小孩写的。他知道了，这封信来自一名刚学会写字的华工。他怀着强烈的好奇心拆开信件，如他所料，信并不长。可读完信，他感到被一种强大、磅礴的精神征服了，就如鸟儿被天空征服，狮子被草原征服。信是这样写的：

“晏先生大人：自从您办周报以来，天下事我都知道了。但是，您的报卖得太便宜了，只 10 生丁，恐怕不久要关门。我现在捐出我 3 年的积蓄，365 法郎。”

365 法郎是什么概念？差不多是一个华工一整年的收入。华工在欧洲做的是最苦的活：修路、挖掘战壕、埋葬尸体。每分钱都是血汗钱。

他拿着信，双手颤抖，他感到他发现了一种“新人”，他们聪慧、勤勉、乐观、慷慨。此时此刻，他的心情比考古学家发现北京猿人还激动。劳苦大众不是笨，是缺乏教育机会。

本来他是去教育华工的，没想到华工指引了他。年纪轻轻的他从此知道了余生的使命：让平民接受教育，帮助他们摆脱贫困和愚昧。

在踏上归国航船以前，他已经坚定了未来的道路：不做官，不发财，把终身献给劳苦大众。

回国后，他立即投身于平民教育事业。最开始，他在长沙、嘉兴、武汉等城市开展工作，没多久，他意识到数量最大也最需要教育的人，在农村。

“中国大约有 1900 个县……为什么不选择一个县来做我们的社会或人类实验室呢？化学家有化学实验室，物理学家有物理实验室，我们要研究和解决人类问题，应该有一个社会实验室。”[①]他想。

就这样，他选择了河北定县翟城村。在他的组织和感化下，一支由大学毕业生、多位教授、一些官员和两位大学校长组成的 60 多人的队伍到达定县。

---

① 晏阳初，赛珍珠 . 告语人民 . 桂林：广西师范大学出版社，2003：310.

其中有一位叫冯锐的农学博士。他是农业专家和农村经济学家，曾在康奈尔大学受过良好的农业、林业训练。有一天晏阳初在北京遇到冯锐，向他谈了到定县去的打算，问冯锐是否愿意一道去。冯锐说："让我考虑考虑。"一星期后，冯锐来了，说："晏先生，我决定和你们一起干。我回国至今已有 4 年，在大学里教农业。迄今为止，我连一个农民都不认识，我要接近我们的农民，要了解他们。"就这样，他辞去农学系主任的职务来到定县。

那一年是 1929 年，当时北京的一些主要报纸报道："知识分子到农村去，这是中国历史上最壮丽的一页。"

一开始，冯锐用 15 亩地进行自己的专业试验。他想种特大的大白菜，但第一年没种好，农民们都笑他。第二年，他的工作有起色。第三年，他的菜种得非常好，农民们拨给他 65 亩地。后来，村里士绅商议，决定拨出 1200 亩地。

知识分子们在这里实施一项又一项举措，使小村发生了翻天覆地的变化：指导农民修建井盖与围圈，减少通过饮用水传播的疾病；指导公立师范学校学生与平民学校学生进行免疫接种；训练助产士代替旧式产婆，向旧式产婆普及医学常识；建立各区保健所，培训合格医生；从平民学校毕业生中培训各村诊所的护士与公共卫生护士；为村民引入优良棉花和蛋鸡品种；组织成立平民学校同学会，建立村民自治组织；改组县乡议会，改造县乡政府……

晏阳初投身平民教育70余年，并把“定县实验”的理论和经验推广到泰国、菲律宾、印度、古巴……菲律宾总统、泰国国王都把最高荣誉奖章颁发给他；1943年的哥白尼逝世400周年全美纪念会上，他与爱因斯坦、杜威等人并列荣获“现代世界最具革命性贡献十大伟人”的殊荣。

随着时间的流逝，晏阳初的故事似乎即将隐没在历史的烟尘中。然而，它绝不会真正消失，就如一颗光芒万丈的宝石，哪怕一次次被人遗落在地层深处，终将被寻宝者再次挖掘。

在晏阳初开展“定县实验”的70多年后，一位来自福建的小镇青年读到了他的故事。人在一生中总会遇到那么一瞬，那一瞬将对你接下来的道路产生持续的、神秘的指引。当年，晏阳初被华工识字那一瞬撼动；而今，这位青年被一本《告语人民》的小册子撼动。

他叫潘家恩，是中国农业大学的一名大二学生。那天深夜，他举办完社团活动蹑手蹑脚地回到宿舍，手上捏着好友邱建生自费印刷的册子——《告语人民》。这是美国作家、诺贝尔文学奖获得者赛珍珠对晏阳初的采访纪实。在此之前，潘家恩并不知道晏阳初是谁，但既然册子是邱建生送的，想必非常重要。

邱建生是潘家恩在做支农社团时结识的好友，二人都是福建人，都一心想改变中国农村的现状，但“改变”又谈何容易。1995年，大学毕业的邱建生懵懵懂懂地进入了福建一家企业，这样的工作单位让很多人羡慕。可邱建生却感觉他来错了地方：大家一天天地混日子，在办公室聊着与思想无关的闲话。这样下去，他那远大的理想必然会被温暾的现实淹没。

挣扎了两年后，25岁的邱建生感到再也不能这样耽误下去，他辞掉了工作，开始寻找“精神出路”。他的第一站是北京。他在北京大学听政治学、教育学方向的课，他去拜访研究晏阳初的学者和晏阳初的后人。后来，听说有朋友去山西的大山深处做扶贫、办学校，他认为这是把理想转为行动的第一步，因此义无反顾地去做了志愿者。在村子里，他不但要自掏腰包解决生活费，还要适应黄土高原零下二十几摄氏度的冬天，这是对他这个南方小伙的巨大考验。很快，他的口袋里只剩下几百元，这样下去回去的路费都不够了，他不得不中止山西之行。理想在现实面前，灰溜溜地败下阵来。

不过，邱建生没有放弃，没多久，他又辗转去了另一个农村……就这样，邱建生为了乡村理想一路探索和奔波。在这个过程中，晏阳初的事迹一直是他强大的精神支柱，他甚至专门办网站、出版图书，去介绍晏阳初思想。

这样一个人，送了这么一本册子，这让潘家恩非常好奇上面到底讲了什么。宿舍已经漆黑一片，他躲进被窝，打开手电筒连夜阅读。

读着读着，潘家恩的情绪越来越激动，几乎要从被窝里跳起来，像是冰天雪地中突然被熊熊烈焰烧到。上大学以来他一直在寻找一个答案，今天，在北京寂静的夜晚，在漆黑的被窝里，他找到了——如果说完美的社会变革只是年轻大学生的纯真想象，那么从一个小小的村庄开始，做一个小小的“社会实验室”却是那么实际又近在眼前。晏阳初的事迹犹如棕榈种子掉在热带肥沃的土壤里，在潘家恩心中以不可阻挡的力量扎根生长。晏阳初的理论、经验、精神组成了一个个路标，每每走到人生分岔口，潘家恩就靠着这些路标做出了不悔的选择。

2 小镇青年改头换面：

为了理想，我决定远行

如果不是晏阳初，潘家恩将继续在彷徨中苦苦探寻。作为从福建宁德一个叫霍童镇的小地方走出来的青年，他曾经对大城市和上大学充满着期待和想象；可真当他走进校园时，却发现自己成了一座孤岛。

尽管这是所“农业大学”，但这里的学生难免和其他高校的学生一样，很难拒绝新时代带来的诱惑。当时校园里流传着一句话：“一年土，二年洋，三年忘了爹和娘。”从农业学校毕业的学生，也向往留在城市，向往着电影里描述的现代生活。面对这种氛围，潘家恩显得格格不入，因为他当初就是想为农村做事才来这里的。

潘家恩并不生在农村家庭，也就是说，他对乡村的热情并不是因为小时候亲身经历了农村的苦难深重或是农村的恬静自然。

他的理想，其实来自成长过程中一次次对“人生意义”的构建。

很多年前，潘家恩还是个无忧无虑、调皮捣蛋的少年。上初中后，他还只知道玩。他和三个要好的朋友组了个歌团，每人手上捏着一本手抄歌本，哇哇地唱。他们买了喇叭，自己动手组装音响，还凑钱买了摩丝，个个打扮得像小马仔。别人叫他们“四大天王”，潘家恩颇为得意。他上课爱说话，有他在，班上的气氛总是很热烈。

不过，青春期的少年，除了玩，有时候也想些别的事。夜晚，潘家恩总跟着别人瞎玩，玩到很晚才回家。当一个人走在路上时，一切突然安静下来，关于“人生意义”的思索就这样产生：难道他一辈子就在小镇里这样混吗？

那时他已经知道，小镇之外还存在一个更大的世界。跟大人去县城，他第一次看到那里有比星星更耀眼的灯光，觉得非常羡慕。难道不应该去更大的地方看看吗？在少年心中，一种朦朦胧胧的求索已然开始。

后来，有一件事让潘家恩彻底下定了决心。

那天班主任叫来潘家恩的母亲，严肃地告诉她：你儿子爱讲话，老影响别人，还是回去吧。“回去”不是指回家去，而是回到原先的班级。原来，潘家恩是在一个好的班级里借读，但他吊儿郎当的样子让老师忍无可忍。母亲一听急了，她声泪俱下地求老师：“再给他一次机会吧！再给他一次机会吧！”母亲就差给老师跪下了。

这件事让潘家恩一夜长大。母亲一辈子任劳任怨地抚养四个孩子，为了补贴家用，她和镇上很多人一样在家做蜡烛。别人的灯芯是买现成的，她为了省钱，连灯芯都自己做。蜡烛做好了要拿到隔壁乡镇卖，别人是坐车去，同样为了省钱，母亲硬是靠两条腿走过去再走回来。母亲身上，有一股劲儿——认定的事，不管如何都要做成，这种品格在潘家恩身上打下了深深烙印。后来无论是在大城市读书求学还是在农村种地拔草，潘家恩都不畏艰苦，专注如一，这股劲儿就来自母亲。

母亲是潘家恩最为心疼和敬重的人，现在因为自己不好好用功，使得母亲低三下四地去求别人，潘家恩感到心头仿佛被插了一把刀。从那天起，他完全变了个样。

潘家恩的家族中，并不缺少读书氛围。他父亲读过书，中专毕业，算那个时代的文化人。而他的两个姑婆，更是为他整个童年和青年阶段构筑了一张意义之网。一个姑婆是爷爷的亲妹妹，师范毕业，参加过革命，后来做了镇里的小学老师，别人都“潘老师、潘老师”地叫她。这一声声“潘老师”成了潘家恩小时候的无形召唤，长大后，他循着这召唤，也成了“潘老师”。姑婆虽然非常严格，但对潘家恩非常好，时常对他讲文化、讲革命。她的爱人在战争中去世，就剩了她一个人。她经常把工资拿来接济潘家恩的爷爷，自己的衣服却是补丁叠补丁的。在耳濡目染下，潘家恩很小就思考，怎么做个有意义的人，不要老想着自己；生活标准要低一点，简朴一点。

另一个姑婆更是演绎了一出别样传奇，她是被誉为“闽东三才女”的画家潘玉珂。玉珂出生在富商之家，她相貌姣好，肤如凝脂，从小就聪明过人。不过，那时候的女子不论怎么聪慧和出众，总摆脱不了早早嫁作他人妇的命运。她十来岁时就有媒人上门提亲。但潘玉珂不想就这么过一生，她要去外面读书。那时候别说女子读书，就连男子出去读书都少见，母亲坚决不同意。潘玉珂拿了一瓶砒霜站在母亲面前，说：“你让我走，我以后年年活着回来看你；你不让我走，我现在就吞了它。”就这样，16 岁的潘玉珂成了霍童镇第一个去省城福州读书的女子。后来，她考上上海美术专科学校，师从刘海粟、潘天寿、黄宾虹、丰子恺等人，成了画家。

潘家恩出生的房间，就是玉珂姑婆过去住的房间，潘家恩小时候最爱听这位世纪老人讲大山外面的故事。她的经历潜移默化地影响了潘家恩的人生观：一定要去更远、更广阔的世界看看。

当嘻嘻哈哈的玩伴们再来找潘家恩时，他坚定地拒绝了他们，转而用功读书。连他自己也意外，当日的“学渣”，竟然考上了宁德数一数二的高中——宁德一中。

上了高中的潘家恩，更加奋起直追。他知道自己天资一般，唯有勤能补拙。他拿着生活费跑到批发市场买了一堆电池，夜夜打手电筒在被窝里看书。他很能抵抗诱惑，从来不玩游戏，同学们说他“有点傻”。潘家恩不在乎这些，他知道自己想要什么。“知识改变命运”，这句话在他的父亲和两个姑婆身上，在《钢铁是怎样炼成的》《平凡的世界》等书上反复得到验证，因此，一旦潘家恩决定好好用功，他便专注如一，心无旁骛。

如果说“知识改变命运”这句话容易沦为“精致利己主义者”的航灯，那么《钢铁是怎样炼成的》里的一段话，则把人的目光带向了更广阔的世界：

> 人最宝贵的是生命。生命对每个人只有一次。人的一生应当这样度过：每当回首往事的时候，他不会因为虚度年华而悔恨，也不会因为碌碌无为而羞愧；临终之际，他能够说：“我的整个生命和全部精力，都献给了世界上最壮丽的事业——为人类解放而进行的斗争。”

这让潘家恩的高中生活不再是一味地考试、刷题，而是充满改变世界的昂扬激情。他在桌子上贴了张纸条，上面写了一句话——虽然他现在想起这句话会脸红，但在当时，这是一个少年纯真而远大的志向，是无所畏惧、无所顾忌的强音：“潘家恩同志，起来吧，中国不能没有你！”

后来，一次偶然的经历让他更加感受到了“改变”的必要性和紧迫性。

那年寒假，他去同学家串门。到了之后，他傻了眼，真正知道了什么叫“家徒四壁”。准确地说只有三壁墙，另外一壁是用化肥袋子缝的。同学父母为了招待他，去隔壁邻居家借瓜子。

从那天起，他给自己定了两个方向，要么去新疆或西藏上大学，所谓“到西部去，到边疆去，到祖国需要的地方去”；要么学农业，去改变农村。

1999年，在填上所有能填的农业大学后，潘家恩如愿被中国农业大学录取，离理想近了一步。不过他知道，此时的“理想”还只是一株柔弱的幼苗，就像大海上漂泊着的塑料玩具，随时可能被大潮卷走。

幸好，他在学校里找到了一个社团：农村发展研究会。这是成立于1993年的老牌社团，以“学农、爱农、为农服务”为宗旨。社团尚未开始纳新，他已经和社团负责人聊得火热。社团里都是和他一样的人：志向远大，关切农村。潘家恩这下放心了，他知道，这个社团就是大海中一个稳固的岛屿，可以经受住风浪的考验。

潘家恩成了同学眼里的“怪人”，比他上高中时更“怪”，他离群索居、土得掉渣、行踪神秘。可当他离开众人视线，走到社团那个狭小的办公室时，他完全变成了另外的模样：他和志同道合的同学们滔滔不绝地聊着上下五千年，分享着关于“三农”的认识和思考，秉烛夜谈、通宵达旦都是常有的事。

那段经历至今仍是潘家恩宝贵而美好的时光，多年以后，他在书中这样写道：

> 与其说是我们对社会问题的理解有多深刻，不如说是对青年人奔放理想的必要安置。因此，氛围对我们来说更为关键。在这里，虽然我们做不了什么，但至少可以尝试去关心；虽然我们可能什么都没有且在实践中幼稚可笑，但年少激情与对现实社会的真诚关注，似乎可以成为对校园生活巨大同化力量的有效防御。[1]

他在支农社团上投入了全部热情：利用所有假期、抓住一切机会“下乡”；组织“业余农校”“三农角”；拜访不同领域的

① 潘家恩．回嵌乡土．北京：中国人民大学出版社有限公司，2020：98.

前辈师友并组织各种讲座、讨论；还建起了一个初具规模的自行车队，到北京各个高校见缝插针地蹭讲座、蹭课、蹭老师赠的书……

在这个过程中，他结识了邱建生，知道了晏阳初。此外，他还结识了一大群良师益友：温铁军老师、刘健芝老师、何慧丽老师、刘老石老师……如果说他的两个姑婆为他的青少年阶段构筑了意义之网，晏阳初等先贤们为他的理想世界构筑了意义之网，那么这群良师益友则为他现实里的行动世界构筑了意义之网。这三张网，像三根牢不可摧的石柱，撑起了潘家恩的人生神庙。

回顾人生，潘家恩感到能在大学期间结识那么一群老师和朋友，是多么幸运。

温铁军教授，是“三农”专家。他和晏阳初一样，并不生在农民之家，却为“三农”事业奔走一生。他的父母是中国人民大学建校时的第一批教授，他是含着“金钥匙”长大的“学二代”。小时候，不要说是农民，连大院之外的北京百姓怎么过日子他都一无所知。命运的转折发生在 17 岁，他响应国家“上山下乡”的号召，去山西做了农民。这一去，他从此远离了他温暖舒适的生活，在基层工农兵中间生活了整整 11 年。

但是，他压根没用“伤痕”“耽误”来评价这段岁月，反而从另一种角度看到了乡村对整个中国的意义：当城市发生经济危机的时候，正是因为乡村的存在，才使得全国人民顺利渡过难关。而且，危机不止发生了一次，而是周期性地爆发，他把他的研究和思考写成了著作《八次危机》。书一出版，第一年就印刷 6 次，至今已发行超过百万册，可谓洛阳纸贵。

从化解危机这个角度看，乡村就是中国人在现实世界中的“诺亚方舟”。倘若盲目地“全盘西化”，方舟何在？

温教授不遗余力地谈乡村建设、生态文明、乡土文化复兴，但不是所有人都理解他的好心，也不是所有人都有空去了解他的理论。在 21 世纪初的中国，人们还沉浸在经济高速发展的狂欢中，很多人刚刚过上“好日子”，口袋里的钱都还没捂热。这时候温教授跳出来说农村有多好，还提倡种菜不施农药、化肥，这不是“倒退”吗？有个前辈曾语重心长地告诫他：“你的思想无所谓对错，只不过是被溺水者最后抓住的那根稻草，再怎么努力，也不过是落得跟着沉下去的结局……”更有甚者，直接开骂：“温铁军，做个人吧。”言下之意是温教授连人都不是了。温教授一笑置之，埋头做他的研究和实践。

刘健芝副教授，生在香港，一路读书到博士，在香港岭南大学任教。她拿着每月数万元的高薪却过着清贫的生活，省下的钱用来帮助内地农民种百合，为农村妇女儿童建立医疗卫生体系，资助年轻人开展学术交流与海外游学……每次来内地，她的行李里都装满了为他人带的东西：书、本子、画册、相框、小电器、巧克力、各种其他吃食……回香港的时候，两手空空。她为中国、印度、孟加拉国、菲律宾、韩国乃至巴西、委内瑞拉的劳苦人民奔走，是一位风尘仆仆的奉献者。

何慧丽教授，力倡“用行动做研究”，作为学者，她不是以旁观者视角研究调查对象，而是深度参与的。南马庄的农民在她的帮助下成立新型合作组织，后遭遇生态大米滞销，她义务帮农民宣传，把大米拉到北京，很快卖出10吨。不想这样的“好人好事”也引来非议，人们笑她是“卖米教授”，是博人眼球，是炒作。然而何慧丽丝毫不把这些言论放在心上，要紧的，是帮助农民办实事——她在兰考县六个村庄发起“新农村建设”实验，直接参与或帮助建立数百个农民专业合作社、农民文艺队、老年人协会等合作组织；她还在家乡成立“弘农书院”，弘扬乡土文化……

刘老石，原名刘相波，一边做大学老师，一边组织大学生志愿者到农村支农、调研、支教、扶贫……别人叫他刘老师，可他自认为懂得并不比农民多，所以管自己叫“刘老石”。刘老石的乡村工作透支了他的精力，使他无法达到学校的考评要求，很多年一直只是个讲师，因此他还有一个绰号叫“刘老讲”。2011 年，刘老石因车祸不幸逝世，43 岁的生命戛然而止。

杜洁，在社团活动中与潘家恩相识相恋，潘家恩组织了多少社团讲座，她就贴了多少张讲座海报。她和他一起做会刊、做宣传单、做评奖材料、组织讲座、下乡支农。她是他的“燕妮”。多年以后，人至中年，潘家恩越来越忙碌，在家的时间越来越少，是杜洁毫无怨言地替他承担下了大量的家庭事务，因为她完完全全理解他。

至于邱建生，上文已经介绍过，他是坚定的行动者和晏阳初的铁杆粉丝，是他把《告语人民》给了潘家恩。

当别的大学生还在打游戏、追剧、无所事事时，潘家恩却和这样一群老师、朋友度过了灿烂的大学时光。

3 毕业后的先锋实验：

放弃体制内工作，我在村里守了 3 年 10 个月

毕业前，潘家恩在一个部级直属事业单位实习，没有意外的话，他将留在北京，有一份体制内的稳定工作。然而，命运的潮水在悄悄推动他往另一个方向发展——曾经带给他无限启发和激励的名字，晏阳初，这时候又出现了。

1929 年，晏阳初和一大群知识分子来到河北定县翟城村，开始他们的平民教育实验。74 年后，历史上演了相似的一幕：同样在翟城村，另一群知识分子在这里开始了 21 世纪的乡村建设探索——温铁军、刘健芝、邱建生，以及香港大学社会学系硕士袁小仙在这华北平原的小村庄相聚，他们准备在这里办一所免费的农民学校，名字就叫“晏阳初乡村建设学院”。学院由中国经济体制改革杂志社、中国社会服务及发展研究中心（香港）、国际行动援助中国办公室等机构联合发起。

温铁军老师原本认为各方面条件不成熟，不应该在这时办学院，无奈拗不过邱建生等年轻人的热情，终于参与进来。他不仅出力，还出钱："以中国经济体制改革杂志社名义出的这3万元，其实是我的个人存款。到第二年我们增加一倍，每家单位各自出6万元的时候，我拿的还是我个人的存款。"后来，乡村建设学院的农民学员回乡成立合作社，他又拿出了自己的钱做启动资金，每个合作社5000元到1万元不等。

多年以后，潘家恩还清楚地记得，那是2003年7月19日，他来到翟城村参加晏阳初乡村建设学院揭牌仪式，这让他既兴奋，又恍惚。大二那年看到晏阳初的故事，仿佛远在天边，但眼下的"晏阳初乡村建设学院"却是实实在在存在的，他感到历史的列车似乎特意为他停了下来，好让他有机会上车。

那天，村里锣鼓喧天，彩旗飘扬，温铁军老师意气风发。来自北京各大学和相关机构的专家学者和学生约有70人，算下来比当年晏阳初团队的60人还多了些。加上记者、村民、干部、各地友人，乌泱泱来了数百人。"走乡村建设之路，应对21世纪挑战"，这是当日学院正门口贴的对联。

22岁的潘家恩心潮澎湃，他不记得当时怎么回的北京，满脑子想的都是晏阳初、定县实验，想着温铁军老师、刘健芝老师一行人接下来将怎样培训农民，又将怎样深一脚、浅一脚地种地……可是，回到现实，他要面对的是一份中规中矩的工作，起草文件、处理杂事。想到这里，他心头涌起巨大的失落感。

不过，命运之神很快安慰了这个苦闷的青年。作为学院理事单位之一的国际行动援助中国办公室，缺一个全职办事人员，时任办公室主任的张兰英找到了潘家恩。潘家恩求之不得，立马决定辞去现有工作，加入行动援助。

虽说失去了稳定的工作，失去了高薪和周围人的高看一眼，但潘家恩比升职加薪还高兴，他终于可以和当代“晏阳初们”并肩作战了。大学组织学生社团的经验已经让他知道，要振兴乡村，一个人是搞不成的，一群人才有力量。他要和这一群人一起，把乡村建设的历史延续下去。

此时，揭牌仪式的热闹已经散去，那些学者、记者们都回到了各自的岗位，学院只剩团队的核心成员，和一栋废弃多年的校舍。那是建于20世纪50年代的村级中学，年久失修，窗户破败漏风，水电未通，更别说有床、被子这些基本日用品。第一个冬天，学院连买煤球的钱都没有。与揭牌仪式光彩华丽的媒体报道相比，现实是萧条而困苦的。先不谈什么理想，目前紧要的事是通水通电、安装电灯、清运垃圾、采购食材和日用品、联系桌椅捐赠、平整操场……

大学时期，潘家恩读到过晏阳初的名言“欲化农民，须先农民化”，因此，他们几个年轻人每人都穿一双村里买的布鞋，力求无限接近农民。一次外出给农民培训，潘家恩特地穿着布鞋去，到现场才傻了眼——农民们清一色穿了皮鞋。

潘家恩一辈子都没忘记这件事，此后无论是求学还是做农村工作，他都时刻提醒自己：不要带着理论和想象去看农民，不要以为自己读的书多就了不起；要做好乡村建设，首先要踏踏实实地观察和学习。

最开始，潘家恩往返于北京和翟城村之间；到了 2004 年 3 月，他强烈感到这样的远程参与远远不够，最终决定搬家。

其他东西好说，让他感到最痛苦的是三大架书。他通过不同途径，一本本、一箱箱分批落户，最后就是通过铁路托运那辆他在大学里骑了三年的二手自行车。“北京—定州—翟城村”这三级空间在交通硬件方面的巨大落差，更让他体会到当年的“海归”晏阳初和博士们举家迁往定县克服了多少大大小小的困难。

那时，学院即将举办面向全国的首期农民培训班，从课程设计、教材准备，到教室的灯泡和风扇、宿舍的床铺、厨房餐饮，大大小小的事让所有人忙得不可开交。潘家恩骑车去村子里买白灰的时候摔了一跤，把脚摔骨折了，他去医院打了钢钉固定好，又马上回到学院。潘家恩在一瘸一拐中度过了来学院的第一年。2005 年 8 月，他去医院取固定断骨的钢钉，但只取出了一半，另一半已经断在骨头里，医生说他走路太多了。

在学院的 3 年 10 个月，是潘家恩人生中最重要的时期，他在这里积淀的经验和理论，成了今后人生中源源不断的养分。

有一次，学院给当地村民做计算机培训，但条件有限，终究是人多机少。本来他为此很担心，以为农民要为生产、生活忙碌，要抽时间学计算机已很不容易，再加上计算机数量少，更是影响他们的学习积极性。结果，农民的表现让他大吃一惊——那时正值摘辣椒的季节，农民竟把计算机键盘上的字母、数字密密麻麻地抄到对应的手指头上，一边摘辣椒一边记忆。

潘家恩呆住了，他终于明白当年晏阳初为什么说“最大、最富的矿，不是金矿银矿，而是脑矿，世界上最大的脑矿在中国”。他也终于感受到了，为什么晏阳初愿意为劳苦大众终生奔波；此时此刻，他也做出了同样的决定：把余生献给乡村建设事业。

从小，潘家恩就是精力旺盛、热情洋溢的人。小时候班上爱讲话、捣蛋的是他；大学时组织无数讲座、组织学生下乡的是他；到了学院，组织农民上课、接待参观者、组织内部交流会的也是他。学院人流量大的时候，他一天要接待好几拨，人数高达上百人。他从不厌倦，每一次讲解都像第一次，带着火一样的热情，带着先贤们坚定的信念，带着要把好东西分享给更多人的急切。从会议室里的老照片开始，他向来访者介绍晏阳初的乡村建设实践，以及学院的发展过程、办学宗旨，也介绍正在进行的每一个具体项目。他带人们参观粪尿分集式生态厕所、生态建筑、生态农场，一圈走下来差不多要用一小时。直到今天，如果你去有潘家恩参加的学术研讨会，那么一屋子人里面那个最有激情的，多半是他。

学院的日子清贫艰苦，但潘家恩没有任何怨言，从小母亲和姑婆早已把简朴、坚忍的品格深深地刻进了他的身体里。他脚蹬赶集买的 13 元的棉鞋，身穿旧衣服，逍遥自在。有时去北京的高校办事，因乡土模样时常被保安拦住盘问一番。2007 年，潘家恩和女友杜洁完婚。学院简陋的宿舍就是他们的婚房，门前贴了个“囍”字，是好友严晓辉亲手剪的。学院发的 T 恤刚好是红色的，上面写着：“没有农夫，谁能活在天地间”，这成了他们的“结婚礼服”。这对新人没办婚礼，只留了两人穿着红色 T 恤站在宿舍前的一张合照，恬淡宁静的微笑挂在两个年轻人的脸上。那两件红色 T 恤他们一直在穿，伴随他们人生中的每个重要时刻——赴港求学、入职高校、喜得千金……潘家恩的父亲和姐姐对这发白的 T 恤很是看不下去，多次掏钱让他俩买新的，但他们淡然一笑。不是因其所谓的纪念价值，而是因为穿着挺舒服，为什么要买新的呢？

从2004年开始，越来越多的青年从全国各地涌来，江西的黄志友、河北的袁清华、陕西的严晓辉、广西的黄国良……大家激情澎湃，相见恨晚。渐渐地，学院从一开始的一团乱麻，到有了清晰的架构：生产部，研究怎么不施农药、化肥种菜，并研发与之配套的养殖和加工技术；工程部，研发生态建筑、垃圾分类、粪尿分集式生态厕所等；培训部，实行“劳动者免费就学”，为农民免费提供合作经济培训、永续农业培训等。另外还有各种各样的小项目，如人才培养、乡土家园小店、农村传习馆……

正当学者们和青年们干得热火朝天时，村民们不干了。当初这群学者、大学生要来，村书记米金水和村民们怀着巨大的热情和期待，村民共同集资39万元买下了废弃的中学校舍供这群知识分子使用。多年后米金水谈起这件事时，脸上还带着些许自豪的神色：“我在喇叭上一说这个想法，仅仅两小时村里就筹足了30万元。”除此之外，村里还免费提供40亩地给他们做试验田。

村民们以为，学者们会帮他们引进外资，至少办个小厂子什么的，很快这里将高楼林立、商贾云集。可是，一年多过去了，他们期待的“发展”并没有出现。温铁军教授带年轻人种地，坚持“生物防治”，用辣椒水、烟叶汁等土办法杀虫；他们种的西瓜，在一丈深的杂草里只结出拳头大小的果；他们做的生态建筑、生态厕所，被村民笑为“土屋”；最不可理喻的是，他们还要养毛驴耕地，农民们以机械化为进步和荣耀，这群“秀才”倒养起驴来了，这不是胡闹吗！养驴的决定引起了村民的强烈反对。

米书记也非常不满意，严厉地批评了他们。潘家恩第一次哭了。他被深深刺痛，仿佛连同他大学时做的支农调研、读的乡建书籍、组织的讲座等一切满怀热情的行动，都在此时被否定了。他心里知道，他们想要的乡村，不是简单的“经济发达的乡村”；他们思考的问题，也远比“帮农民致富”要多。

来学院的青年，几乎人人都看过《小的是美好的》，那是英国经济学家 E. F. 舒马赫的经济学著作。潘家恩第一次看这本书，是两年前在刘健芝老师组织的北京草场地研讨班上，那次研讨班给在场的年轻人留下了不可磨灭的印象。

书中正文的第一句话就是：“我们时代最重大的错误之一是相信‘生产问题’已经解决。”早在 19 世纪第一次产业革命时期，人们就形成了“大就是好”的观念。集中化和大型化是工业化浪潮的基本理念。作者认为，这种生产方式不仅造成了环境污染、资源枯竭等问题，更影响了人的本体，导致犯罪、精神疾病、叛乱等问题日益严重。

那该怎么办呢？作者开创性地提出“小的是美好的”，他主张发展更有人性的技术，也就是“中间技术”。所谓中间技术是介于先进技术和传统技术之间的技术，或者说介于镰刀和联合收割机之间的技术。

要是用这种眼光看，学院养的毛驴不就是很好的“中间技术”吗？

舒马赫的理论可谓振聋发聩，它激荡着青年们的心。他们这代人眼睁睁目睹了工业化造成的污染、农民的贫穷、乡土文化的边缘化，难道不该为此做点什么吗？他们一头扎进学院，渴望创造《小的是美好的》里描写的理想世界。这就是为什么他们怪里怪气地非要用泥巴造房子，种菜又坚决不用农药和化肥……

相比晏阳初那个时代，这一代的知识分子多了关于生态保护、可持续发展、人的精神健康等各种新议题。

学院的各项试验和培训在继续，与村民的对话也在继续。他们的工作没有固守在学院的围墙之内，因为围墙外的村庄，才是更鲜活的存在。学院的角色是配合村“两委”和各组织开展工作。他们组织干部去北京学习，引进新型种植项目；积极投入人力、物力，支持村委修路、铺设管道；组织翟城村合作社的骨干外出学习，提升运营能力，让社员享受到了分红的甜头；帮助村民成立“三一二经络锻炼小组”，让他们学会“不花钱”的养生秘诀……

正当一切如火如荼地进行时，一件突如其来的事情，让一切都乱了套。

一天，学院突然接到了取缔通知。院里的学者、学生都吃惊得说不出话。这是因为当时社会上发生了一些事件，有关部门认为学院不能在这样的时刻继续办下去。

成立了 3 年 10 个月的学院，就这样说关就关了。潘家恩从来没有想过要离开这里，用他自己的话说，他当初来学院买的是“单程票”。其间他的工作单位多次催他回北京，但他硬是赖着不走。他想好了，大不了辞职。学院的其他青年也和潘家恩一样“纯真而傻气”。有个记者问学院的项目助理袁清华：“你准备在学院干多久？”袁清华回答：“只要这个学院还存在就会一直干下去。”

他们参与了学院一砖一瓦的建设，他们顶着烈日在地里除草，他们在院里种下了一棵棵小树苗，这些树苗如今都已经长成枝繁叶茂的大树了。

时间一天一天地流逝，所有人都怀着一丝希望，看看会不会发生什么转机。可是，没有一通新的电话，没有一个新的指示，没有任何事发生。最后，他们不得不接受“学院真的关了”这个事实。近四年来，学院在各方捐助下投入了200多万元，除了文件资料，剩下的固定资产他们全都留给了村里。

打包资料那天，年轻人在办公室发现了一盒彩色铅笔，他们把铅笔掰断，每人保留半截，铅笔盒则由院长助理袁小仙保管。这十几个青年约定，若干年后，他们要把这盒铅笔重新组合在一起。

青年们用一辆货车把家当、资料装好，拉去北京。临走前，村民含泪相送，米书记说：“我要目送你们50米。”那一天是2007年5月15日。

大家望着淳朴的村民，五味杂陈。当初刚到学院，宿舍还没修整好，青年们没处落脚，是村民们热情地请他们到家里吃饭、住宿，教他们使用煤炉，待他们如自己的孩子。如今他们要离开这个温暖的村庄，而未来是一片疑云。

几个年轻人怀着惨淡的离愁别绪到了北京，等待他们的，是温铁军老师的一席晚宴。席间，他们还见到了一位意外来客——刘健芝老师，怕孩子们伤心，她特地从香港飞来安慰他们。

温铁军老师仍旧笑眯眯的，宠辱不惊。他曾挺过没饭吃的年代；经历过下乡做农民的年代。对他来说，学院被关停这样的事不是第一次，也不会是最后一次。20世纪90年代，他做农村改革实验区，也曾因各种原因中断。晏阳初的定县实验，不也因抗日战争中断了吗？

他与年轻人分享着自己的经历，安慰他们惶恐的心。

“人生总有很多坎坷，各种各样的事业也会有波折。当下的困难对大家是种考验，看看接下来大家是否能继续做乡建？连根拔起不一定意味着它就没了，也可能放到另外的土壤里它又长出来了。如果继续长出来了，百年乡建事业才真正算个事业。”温铁军老师说。

这番话让茫然的青年们定了定神。考虑到孩子们没有去处，刘健芝老师自掏腰包在北京回龙观买了套房，这才把这个团队暂时安顿了下来。

青年们没有辜负老师们的期望，后来，有了北京小毛驴市民农园、广州沃土工坊、福建培田客家社区大学、上海乐田海湾农场、广西国仁农村扶贫与发展中心、西南大学中国乡村建设学院、福建农林大学海峡乡村建设学院……果然如温铁军老师所说，“放到另外的土壤里它又长出来了”。

这都是后话。当时的潘家恩，正深深地苦恼着：论动手能力，他不如严晓辉；论跟村民打交道、做实验区工作，他不如邱建生；论跟各种各样的老板打交道，他不如袁清华。他潘家恩可以干些什么呢？

他望了望从北京搬到翟城村，又从翟城村搬回北京的三大架书，心里渐渐有了答案。一方面，他在学院做培训、做讲解时，常感语言贫乏、思想局限，急需更广阔的视野；另一方面，乡村建设的经验需要有人记录、总结，如果没人记录，他也不会在今天看到晏阳初的故事了。

他决定继续读书。

4 “成为”的力量：

从支农学生到大学教授，我步步追寻他的足迹

当时潘家恩没有钱，刘健芝老师又一次伸出援手，为他提供无息贷款来解决学费问题。

他成了香港岭南大学文化研究系的研究生，但过去，他学的可是食品科学。香港求学成了他最煎熬的日子。跨学科、不会粤语、生活拮据等困难是一方面，让他备受折磨的另一方面是，昔日的伙伴正在北京四处找地，准备“二次创业”，他却无法参与其中。他自我怀疑起来：他到底是在为乡建事业添砖加瓦，还是在遥远的大都市“当逃兵”？

刘健芝老师看出他的彷徨，告诉他，乡建当然有很多种，不只是种地，不只是做农民培训。潘家恩下定决心好好珍惜这样难得的时间与空间，一方面梳理来自实践的鲜活经验，另一方面回溯历史，为一线同人提供一些新的视野。

求学的日子虽然充满艰辛和挑战，但潘家恩发现他比起其他学生，有一个独特的优势，那就是他在村里三年多的历练。因为他的实践经验，他更容易领悟书上的理论；而翟城村积累的经验或遇到的困境，也成了他写论文时的绝佳材料。他如鱼得水，功课不是 A 或 A+，至少也是 A-。

读书的同时，他也密切关注着留在北京的伙伴，参与一些力所能及的工作。他们创办的新项目，就是本书反复提及的小毛驴市民农园。没多久，全国各地的学生、社会人士、媒体涌入这块北京近郊的土地，翟城村晏阳初乡村建设学院的热闹和辉煌又一次出现。

在“小毛驴”的一次分享会上，潘家恩听到一位实习生发言：“我打算回老家去。如果你认为生态农业是好的，如果你认为这种新的生活方式、新的人与人的关系是好的，为什么不把它带回家？”

这段话使潘家恩思绪万千，往事像潮水一般涌上心头。当初他不顾一切地要离开小镇，要去更大的世界看看；后来又去了别人的村庄，帮别人“建设家乡”，可自己的家乡呢？霍童镇延绵千年的历史，碧水如练的霍童溪，双臂无法抱合的古树，雄健而灵动的线狮……他突然深深想念起家乡的一切。而今他还只是个在香港求学的学生，未来并不全然掌控在他的手中，他感到不但没有离家越来越近，反而越来越远了。

无法把好东西带回家乡，这成了他这个乡建人内心深处的忧愁和遗憾，他只得用“他乡也是故乡”反复安慰自己。

5年很快过去，博士毕业前夕，潘家恩在重庆大学人文社会科学高等研究院找到了职位。没多久，他得知了另一个好消息：西南大学将恢复几十年前的“中国乡村建设学院”，温铁军教授受聘为首任执行院长，潘家恩受聘为特邀研究员。

潘家恩清楚地记得，那是2012年的冬天。他甚至怀疑人生是不是有种神秘的力量早早预设了一切，否则，他的脚步为什么又一次和晏阳初的足迹重合在了一起？在北京，他读到晏阳初的故事；在翟城村，他延续晏阳初的乡村实验；而在重庆北碚，他配合恢复晏阳初所创办的乡村建设学院。

西南大学要恢复的重庆“中国乡村建设学院”，是晏阳初1939年创办的。这是中国第一所面向全国的、为乡村工作培养专门人才的高等院校，学制四年。办学11年，共招收1180人，毕业生共379人，其中专修科毕业134人，本科毕业245人。

更让潘家恩兴奋的是，北碚，不止有晏阳初。

抗日战争期间，随着国民政府迁都重庆，北碚成为陪都的重要文化区，聚集在这里的教育科学文化界人士，曾有3000人左右。陶行知来了，梁漱溟也来了。

与晏阳初一样，陶行知也是一位留美学生，毕业于哥伦比亚大学。回国后，因深感国家内有军阀混战、外受帝国主义欺凌，他决心到农村去试办乡村教育，以唤起农民觉醒。

他脱去西装，穿上农民的衣裳、草鞋，在南京创办晓庄师范学校。招生简章上写：

“少爷小姐请勿来，招生时要经过考试，除考文化，还要考四件事：（一）翻一块地；（二）能挑粪浇菜；（三）会做饭；（四）能交两位农民朋友。”

后来，他在重庆的北碚和合川创办育才学校，专门收留因战争而无家可归的男孩、女孩。他认为教育应该使孩子具有“农夫的身手、科学家的头脑、艺术家的情操、社会改革家的热情和精神”。这个标准即使放到21世纪的今天，仍是极难实现的理想。

除了陶行知，梁漱溟也是个不能不说的人物。他是位思想家，而思想家，能超越时代，看到常人看不见的事物。早在20世纪20年代，也就是100多年前，这位哲人已经详细比较了西方文化、中国文化和印度文化。他一眼看出了西方过度城市化和工业化将会带来的精神和物质上的罪恶，而中国文化却讲究人与人、人与环境的和谐相处，追求内在的惬意和生活的快乐。可是，以中国当时的情况，“西式现代化”是一条不得不走的路——唯有这样，百姓才能从水深火热的苦难中得到解脱。

怎么办呢？梁漱溟提出的方案是“对于西方文化是全盘承受”，同时“批评地把中国原来态度重新拿出来”[①]。这样一条既要“西”又要“中”的道路，就是梁漱溟终生的目标。梁漱溟没有只停留在思想层面，而是在现实中寻找行动方案，这就有了他的一系列乡村实践。

1924 年，由于不满北京大学只重知识的西式教育，梁漱溟辞去教职，彻底离开了北京大学，再也没有回去。他先后在山东、广东等地开展教育实验。1928 年，梁漱溟去南京访问陶行知的晓庄师范学校。陶行知的“生活即教育”“社会即学校”教育理念使梁漱溟大为赞叹。1940 年，梁漱溟在重庆璧山创办勉仁中学，校董有张澜、黄炎培、卢作孚、晏阳初等。次年，他将校址迁至北碚，并创办勉仁书院，其后改名勉仁文学院。

当时的北碚名流荟萃，群星闪耀。然而，有一个人，即使是身处群星中，他的光芒仍然是夺目而无法让人忘怀的。他是那样

① 梁漱溟．东西文化及其哲学．北京：中华书局，2013：217.

特别，那样出众；他是一位奇才，一个英雄，哪怕这样形容他，都略显苍白。实业家的实干、军事家的胆略、社会改革家的组织能力、文人的才华、慈善家的心肠在他的身上奇迹般地融为一体。他就是卢作孚，没有他就没有现代北碚。

他原是个纯粹的教育工作者，因感慨于国家“近百年来遇战争即失败，遇外交亦失败”，下定决心以实业救国。1925 年，他赤手空拳地开始创业。从一条载重仅 70 吨的“民生轮”起步，用 20 余年时间，“崛起于长江、争雄于列强”，他发展为资本上亿元的民族船运巨头，被誉为中国一代“船王”。

与他创造的财富形成鲜明对照的是他的个人生活，他和家人始终穿粗布衣服，吃粗茶淡饭，住租来的农民小屋。他身兼数十家公司的职位，却只领民生公司一份微薄的薪水，其他的悉数捐赠。他说：“我没有给我的儿女准备任何财产。我留给儿女的，是做事的本领。”

20 世纪初的北碚，因军阀割据、内战不断，盗匪趁机而入，啸聚峡中，致使河运阻塞，商旅难行，峡中民众苦不堪言。这种情况随着卢作孚 1927 年担任嘉陵江三峡峡防团务局局长而骤然改变。卢作孚不但肃清了匪患，还大力兴办经济事业、教育事业、旅游事业。他以惊人的速度在北碚修建铁路、升级采煤机器、兴办石印社、织布厂，架设了乡村电话线；建造图书馆、公共运动场、温泉公园；还创办了中国西部科学院、兼善中学、嘉陵江报馆……北碚成了平地涌现出来的一颗明珠。“大”至时任国民政府主席林森、时任美国副总统华莱士，“小”至各中、小学的学生，都到这里来参观，都对它的建设成就赞叹不已。①

卢作孚是连中学都未上过的农家子弟，却创造了中国现代经济史、社会史、文化史、教育史上的奇迹。美国杂志《亚洲与美洲》精辟总结了卢作孚的一生：他是“一个未受过正规学校教育的学者，一个没有现代个人享受要求的现代企业家，一个没有钱的大亨”。

西南大学卢作孚研究中心副主任周鸣鸣老师说，她讲卢作孚先生的事迹 27 年，但始终觉得没能把卢作孚先生的一生全面反映出来，每次讲述她都忍不住被先生的事迹感动，潸然泪下。

写到此处，我也深感才疏学浅，几经努力，也无法表现出我心中的那个卢作孚。

有人说：“当代人要求励志明心的哲理，要求应对个人身心危机或社会危机，不如回到卢作孚去。”

卢作孚、晏阳初、梁漱溟、陶行知……这些人的身影在潘家

---

① 卢国纪 . 我的父亲卢作孚 . 北京：人民出版社，2014：317.

恩的脑海中如电影画面般轮番浮现。他感到先辈们仿佛就坐在眼前，带着鼓励的目光朝他点头微笑。

潘家恩一边在重庆大学教书，一边参与西南大学中国乡村建设学院的恢复工作。西南大学“特邀研究员”的身份是没有工资的，但他甘之如饴。

从那时起，潘家恩开始了长达十年的“双城记”。

他在重庆大学工作，地点在沙坪坝；妻子杜洁在西南大学工作，地点在北碚。两地路途遥远，在考虑究竟把家安在哪里时，他毫不犹豫地选择了北碚，因为北碚的历史底蕴，别处再难有第二个。潘家恩不开车，只能坐公共交通，从北碚前往沙坪坝，往返三小时。他在办公室放了张折叠床，忙的时候，就在办公室过夜。

一位“985”高校的教师，晚上睡办公室折叠床，这成了小小的奇观。但他丝毫不觉得这有什么可委屈的。当初卢作孚在重庆与北碚之间往返，连车都没有，得坐船，比现在辛苦多了。卢作孚都能干，我怎么就不能干！一想到卢作孚，潘家恩看到的世界远远大过了眼前这张折叠床。

2013 年，潘家恩和杜洁的女儿出生，小名就叫“碚碚”，北碚的“碚”。

在工作单位，潘家恩是位“另类”的老师，他给一尘不染的精致学术圈，带来了风和泥土的气息。他总想着把学术引向乡村研究，总想着让他的“00后”学生们看到“乡村与现代”之间的微妙关系，总想着把当下进行中的乡土实践总结成学术理论，总想着让不同学科的学者们也能关注或参与到浩浩荡荡的乡村建设实践进程中来……

在当老师的过程中，他又忆起了自己的大学岁月。那时，他作为社团骨干组织讲座、交流会，在各高校之间穿梭。学者、学生各抒己见，百家争鸣，热闹非凡，那是他成长过程中最宝贵、最美好的时光之一。

如今的大学生，想必也非常需要这样的思想盛宴。入职的第二年，他利用业余时间牵头发起了“乡村与我们”读书会，读书会的指导老师汇集了重庆大学、西南大学、北京大学、中国人民大学、西安外国语大学等高校的学者和乡村建设实践者，为学生们再现了他当年的社团盛况。这个读书会是个纯粹的非官方组织，老师和同学因理想而聚合在一起。老师没有工分，学生没有学分，这样一件“不功利”的事潘家恩做了十几年。

现在一些学者，不再敢豪情万丈地喊“为天地立心，为生民立命，为往圣继绝学，为万世开太平”，他们正逐渐蜕变成一群被金钱和物质消费所牵引的“知识精英”。潘家恩的经历和教育，使他努力与这股浊流保持距离——他心里装的是衣服打着重重补丁却坚持接济族人的姑婆，是从美国归来又走向华北穷村庄的晏阳初，是身体力行地开启当代乡村建设的温铁军老师、刘健芝老师，是 3 年 10 个月穿着布鞋和旧 T 恤坚守在翟城村的年轻时的自己……

因此，身在象牙塔的他从来没有忘记过那片热气腾腾、尘土飞扬的乡土世界。他抓住一切机会关注并参与全国各地的乡村建设实验，哪怕做这些事不能给他带来科研成果、科研经费。

然而，他不知道的是，他这种一只脚跨在“象牙塔”里、另一只脚跨在“泥巴墙”上的别样精神，给他带来了人生的又一次转机。

5 宁少发论文也要进村庄：

在村里做事让我感到“读书有用”

2020 年 8 月，潘家恩像他平时经常做的那样，又一次去乡村调研。这次去的地方是福建省宁德市屏南县，同行的有温铁军老师等人。在此之前，他们听说屏南的几个村子这几年发生了翻天覆地的变化，作为乡村建设的研究者，他们自然要去看个究竟。

到了屏南后，尽管事前有所了解，学者们还是被眼前的景象深深震撼了。

屏南位于平均海拔 830 米的高山之中，群峰耸峙，交通闭塞，过去是有名的贫困县。当地人有句自嘲的话：“屏南屏南，又贫又难。”因长期落后，人口流失严重，但凡有点办法的村民，都去了外面谋生。有着几百年甚至上千年历史的古村，只剩了些断壁残垣。

可如今，潘家恩看到的是生机勃勃的古村落，一座座土木结构的建筑依山就势；黄墙黛瓦，层层叠叠，错落有致；周边水田、古树、溪流环绕，宛如世外桃源。村里热闹非凡，民宿、面包店、书店、咖啡店一家接一家地开，电影导演、大学教授、艺术家、律师、“90后”青年来这里做“新村民”。

以一个资深乡村建设研究者的经验，潘家恩知道这里大有文章。

故事是从一个叫林正碌的中年人开始的。2015年仲春，他走进屏南县委宣传部：“我想免费教农民画画，帮助他们脱贫，希望得到政府支持。”

从那天起，屏南仿佛按下了一个神奇的开关，以不可抵挡的势头发展了起来。林正碌过去是个眼光犀利、经验颇丰的画商，他坚持“人人都是艺术家”并希望在乡村付诸实践——艺术并不是那些所谓精英、知识阶层的专属，它像无处不在的空气一样，属于每个人。他把当地农村妇女、老人、孩子、残疾人召集起来学画，画作爆红网络，网友争相购买。这些曾经“又贫又难”的“留守群体”变得自信起来，发现了自己的价值与新可能。

这一切，都在林正碌的意料之中。

与此同时，林正碌投入实践的古老村庄也从最开始的默默无闻到如今的名声大振。林正碌的朋友不乏艺术家、大学教授、策展人等，他们一看到秀美的山峦、古朴的建筑，马上明白其中的价值，纷纷把工作室和家安在这里。渐渐地，人越来越多，想创业的、想学画的、想体验山居生活的人纷纷涌入了昔日无人问津的贫困村。

最开始，当地政府面对这个外来陌生人，有点拿不定主意。林正碌搞的事情，都是闻所未闻的新事物，该不会出什么问题吧？而且林正碌这个人，既没头衔也没身份，就是个“野生”艺术家，这怎么向上级交代呢？关于如何面对新的局面，政府内部争吵激烈。最终，他们做了一个历史性选择：全面支持林正碌，全面支持古村落复兴。

随着外来人员的涌入，政府顺势出台了一系列的支持性政策：完善古厝租赁机制、提供小额金融贷款服务、让外来新村民进入领导层……

温铁军一行看明白了，这是艺术家高人、当地政府、新老村民、互联网共唱的一台大戏。

他们当机立断，要在这里开设“屏南乡村振兴研究院”，深度研究并参与这里的工作。短短 3 个月后，在屏南县委县政府的大力支持下，研究院在屏南四坪村揭牌，温铁军任院长，潘家恩任执行院长，屏南政协原副主席周芬芳担任副院长。

潘家恩做事，从来都带着海浪般的蓬勃激情，更别说这里是宁德——他的家乡。18 岁时他背着行囊赴京求学，走南闯北；去了各地村落，又去了印度、美国。整整 20 年过去，他不是不想回来，而是没能找到回家的路。

他是位乡村建设工作者，20 年来，他目睹多少游子回到了自己的村庄，目睹这些青年和家乡一起成长和变化，他一遍遍地把各地青年的事迹介绍给媒体、介绍给公众，把乡村案例总结成论文。可是，他自己却没能回去，没法为家乡做一丁点的贡献，也没法吃到家乡菜、说家乡话。

而今，年近四十的他，做梦般地站在了家乡的土地上。

揭牌仪式上，在温铁军老师的见证下，潘家恩暗暗下定决心，要把这 20 年来学到的理论、总结的经验、认识的能人通通带回家乡来。

潘家恩开始了“重庆—屏南”的频繁奔波，飞机一落地，他像苍鹰回巢一般向村里冲过去。在那里，他忙着对当地的新村民、老村民、政府干部开展访谈，也忙着接受媒体采访、组织学术研讨会、策划硕博研习营。

别人看他如此投入，不免想他是不是能从中获取多大利益。实际上，政府只给他每年 3 万元的补贴，而他又把这 3 万元捐给了研究院。也就是说，他是在大学老师的本职工作之外，做义务劳动。当年卢作孚为了实现社会改革理想，多次回绝高薪职务；

而晏阳初也以同样的理由，拒绝巨额拨款和从政。前辈们的事迹牢牢根植在潘家恩脑中，每当涉及个人私利时，他几乎不需要理性分析，就做出了选择。

他一心扑在屏南事务上，除了完成一个教授的本职工作，他也毫无保留地为村庄出谋划策。

研究院的办公地点在四坪村。这个村庄和屏南的其他村庄一样，有着黄墙黛瓦的古建筑和优美的生态环境，此外，还有一样东西，吸引着人们千里迢迢地前来一睹“她”的容颜，那就是村里随处可见的柿子树。每到秋冬时节，柿子树宛若颇有心机的美人，叶子逐渐掉落，只留得最引人注目的、谁见了都心生欢喜的红彤彤果实。柿子树让村庄在肃杀的秋冬显得那样美妙和可爱，它们和古建筑组成了浑然天成的风景画。走在村里，拿手机随手拍的照片，都像精心制作的明信片。

看着如此盛况，潘家恩突然想起了什么，他赶忙向乡政府建议：“柿子可不能像过去那样摘掉了，农民摘来卖，每棵树不过换到几百元；而挂在树上，你们看，带动了多少产业，能从农业变风景，一产变多产。”领导干部听了深以为然。经过讨论，他们一起商议出了一个绝妙的主意：由乡属国企出资 3 万元，分三年把村里核心区的 140 多棵柿子树包下来。如此一来，美丽“柿界”加上多年修复的古村落形成了别致的中式风景。它让看惯了积木般楼房的都市人，重新意识到了中国传统村落的绝美，长久以来的乡愁被唤醒。人们争先恐后地去那里游览，想从这土地、土房子、土柿子中找到些他们已经遗落的美好时光。在 2023 年秋冬高峰期，单日游客量达到了 3 万人，将小县城的旅游旺季延长了三个月，卖油饼、卖烤红薯的村民乐得合不拢嘴，据说他们只靠卖这些，每日收入可达几百到上千元。

这就是潘家恩喜欢往屏南跑的原因：这里让他感到知识分子“有用”。这种价值感帮他扫除了平时教学、开研讨会、发表文章的疲惫。每当他在繁重的工作中感到喘不过气来时，心中马上会响起一个声音：到屏南去！到屏南去！

2022 年 4 月，已经在重庆大学任教十年的潘家恩，做了又一件令人大跌眼镜的事：从重庆大学辞职，入职西南大学。所有人都说他是不是“傻”了，别人都是从“211”到“985”，哪有人从“985”到“211”？潘家恩如此“逆行”，理由和过去一样：为了更好地实现乡村建设理想。过去，他一边在重庆大学当老师，一边用剩余时间做西南大学中国乡村建设学院的志愿者。可因为西南大学中国乡村建设学院人手有限，力量薄弱，除了一位中国香港的聘用制教师是副教授，剩下的专职人员全是讲师，这使它处在比较边缘的地位，很多工作难以推进。可这里是北碚啊，当年卢作孚、晏阳初、梁漱溟、陶行知奋斗过的地方，是历史上乡村建设集大成之地。如今的中国大地上正在发生各种各样的乡村建设实践，这些实践需要有高校的支撑和支持，也需要高校来进行实践经验的提升与转化。北碚和西南大学中国乡村建设学院，对于乡村建设事业来说，自然有着战略性的意义。

当时，潘家恩是重庆大学人文社会科学高等研究院文学与文化研究中心的元老级人物，已经是主任，并且马上要评教授。就在这个节骨眼上，他离职了。多少人替他惋惜，可出于知识分子的使命感，他毅然做出了这个选择。

他加入了西南大学乡村振兴战略研究院，任副院长。

过去，他当好老师就行了，但在新的工作单位，他更像一个创业者，大量的建设工作需要开展。再加上他还是屏南乡村振兴研究院的执行院长，两边都事务繁多，压力陡增。

岁月如流，潘家恩很快过了40岁。如今他从当年支农社团里的热血青年，变成了一个学者、一个教授。按照世俗的眼光看，他是幸运的。可是，一种叫“中年危机”的东西也如期而至。

按理说，西南大学的工作才是本职工作，他应该做好一个副院长该做的事，带领这个学院按部就班地往上走。可他偏偏热衷于“实践”：他离不开村庄，几乎每月都要往屏南和乡村建设现场跑。这些工作不但不会增加他的收入，反而像一个黑洞一样无限吞噬他的时间和精力。

他知道，知识分子一边搞实践一边做研究本没有错，这叫“行动研究”。可他也常常遭遇一种尴尬：别人一听你是“搞实践的”，立马就会联想到“这个人肯定理论不行”。

此外，各种诱惑也在考验着他。他在乡村做调研、鞋子沾满泥土，被现实实践拉扯的时候，别人正坐在舒适书斋里做课题、发文章、拿经费；他好不容易发一篇文章，别人也许已经发了十篇……

一面是社会理想，一面是世俗诱惑，这两股力量的撕扯让中年的他愈发感到疲倦和烦躁。有那么一段时间，他停了下来，什么也不想做了。如同钟表的齿轮，曾经精准转动，日夜不停，随后渐渐生锈、倦怠、停摆……

在大学做社团的时候，每当感到委屈或疲倦，他会骑着自行车到学校周围的菜市场和工友们集中的城中村转转。人间烟火气与卖菜的大叔大婶成了他的力量源泉。他们为了生活、为了家人而坚韧努力，他们乐观的信念、无怨的付出，就像一张有力的网把潘家恩从沼泽里打捞起来。

而今，他知道他必须像当初那样，回到初心，走出困境。

他的目光突然落在了一本厚重的图册上，这是他花十几年收集老照片编辑而成的《中国乡村建设百年图录》。图册的封面，是一张北碚的老照片，摄于20世纪40年代。那是北碚当时的“中正路”，房屋整齐地排列在道路两旁，街道一尘不染，路的一端有一个精心设计的、富有几何美感的三角形绿化带，即“街心花园”。整个画面呈现的宁静美好，就算以今天的眼光看，也不输给某个欧洲小镇。潘家恩想起当初为什么要把这张照片当作封面，这张照片背后是卢作孚先生的无私奉献和执着付出，他和无数同人所建设的新北碚，是穿越时空照亮当代乡建人的一道光。

今天，当潘家恩再次看到这张照片时，他依旧和当初第一次看到它时一样感动。他突然想起了卢作孚说过的一段话：

“最好的报酬是求仁得仁——建筑一个美好的公园，便报酬你一个美好的公园；建设一个完整的国家，便报酬你一个完整的国家。这是何等伟大而且可靠的报酬！它可以安慰你的灵魂，它可以沉溺你的终身，它可以感动无数人心，它可以变更一个社会，乃至于社会的风气。这是何等伟大而且可爱的报酬！一点儿月薪、地位……算得了什么！”

这段话使他恍然大悟，他知道他要的是一种什么样的“报酬”了！当初他一个大学毕业生，一无所有，却心无杂念地在河北农村搞建设；如今身为堂堂教授，该有的都有了，反倒“前怕狼后怕虎”起来，他差点为了眼前的一点诱惑而失掉了“最好的报酬”。

没多久，他又去了屏南。

每每在村里和村干部、新村民、老村民勾肩搭背地“混”在一起时，他就会感受到一种无拘无束的快乐。他在屏南开各种各样的会议，把媒体、高校、政府、民间能人等各种资源串联在一起，为正在进行中的实践注入新活力。这是他擅长的事，是他享受的状态。

他意识到，正是因为自己的教授身份，才更容易获取到各种社会资源。既然命运已经把他推到了这一步，他下决心好好利用这一身份，把各种好的东西带回乡村去。

潘家恩这种行其所知的努力，得到了著名学者、北京大学中文系资深教授钱理群老先生的高度评价。因年龄和身体状况限制而无法到农村一线去，这是钱老的终身遗憾。当他看到潘家恩这么一个能够深入实践、总结中国经验的年轻学者时，他直呼“后继有人”。他为潘家恩的《回嵌乡土》写了万余字的序，直言：“但他（潘家恩）在学术上的高度自觉却足以让我感到震撼。当我在书中读到我引作文章题目的全书指导思想——‘直面更为丰富且复杂的中国问题和中国经验’，以及他所提出的‘对 20 世纪中国历史的重新理解和对当下社会实践的批判性介入’的研究目标时，我对自己说，这才是我所期待的近20年的回应和知音！真的‘后继有人’了！”

屏南的工作让潘家恩越来越有“求仁得仁”的满足感。不过，比潘家恩更快乐的人是他的父亲和母亲。

过去儿子一年只回家一两次，自从他兼任屏南乡村振兴研究院执行院长后，老两口几乎每个月都能见到儿子。潘家恩是家中四个孩子中最小的一个，他父亲已经80多岁了。每次回家人还没坐稳，父亲便急切地问儿子：“你下次回来是什么时候？”

潘家恩望着父亲沧桑的脸庞，望着陪伴他童年无数个日子的老椅子、老桌子，眼眶有些湿润。

人生就如风筝，如果你不飞到高空，你无法看到更大的世界；此时，你身后的原点无关紧要。可一旦你看过了更大的世界，你便会隔着层层云雾寻找你的来处；此时，你身后的原点成了世界上最重要的坐标。

青年时，潘家恩一心想了解远方的世界；如今，他更愿意在夜晚陪父母长聊，去重新认识自己的家庭，去感受七大姑八大姨的日常烦恼。

一次，母亲告诉他这样一件事：那段时间母亲被大儿子接到城里住，闲得实在没事干，就站在窗户前数楼下过往的车辆。数累了，就换个房间，从另一个窗户再数……

最开始潘家恩感到很好笑，但过后他有点心酸。他看到无论是城市还是乡村，都有着大量孤独的、无人陪伴的老人，这更让他明确了他现在所做事的意义：只有乡村再次振兴，更多老人才能“老有所依”。

为了取得家人的支持，潘家恩带父母去他工作的四坪村游览。这么多年，他没有机会向父母解释清楚他到底在干什么，如今终于可以向他们“实地汇报”。万万没想到，这次普通的家庭出游还生出一段不寻常的故事。

四坪村百分之八九十的人都姓潘，潘家恩甚至在村里听说有个和自己同名同姓的人。村里有个祠堂，供奉着本村历代潘氏族人。作为同姓家门，潘家恩和父母也好奇地走进去看个究竟。在昏暗的光线中，他们猛然发现了一块清末举人的牌匾，这块牌匾的主人，竟是潘家恩爷爷的叔叔。四坪村和霍童镇相距几十公里，如今开车也要一个半小时，想不到上百年前就已经有交流了。

这块牌匾的发现唤醒了蒙尘的记忆和对族人的思念，那年春节，潘家恩的好多难得一见的亲戚竟然从四面八方赶来，在四坪村聚起来了。虽然大家有着不同的工作、不同的人生经历，但有种微妙的、熟悉的东西把一屋子人串联在了一起，大家说着共同的方言，分享着关于家乡的共同回忆，谈论着过往的日常生活……

这次聚会，潘家恩现在想起来都觉得不可思议，正应了他常挂在嘴边的一句话："乡建是为了相见。"

过去，乡村建设对潘家恩来说，意味着一个充满远大理想和抱负的"事业"；但随着在屏南工作的日子逐渐增加，乡村建设多了一份游子眷恋家乡的柔情。

得知我在写返乡青年的故事，潘家恩对我说："你一定要到屏南看看。"挂完电话，我的微信里收到了无数条潘家恩发来的屏南故事。他总是恨不得所有人都知道屏南有多好。

看着这些文章和视频，我立刻被屏南村庄里极富创造力的青年们吸引，那里有开民宿的艺术工作者，有探索新生活的 IT 白领，有辞掉大城市工作后来村里开面包店的青年……

没多久，"大食物观与粮食安全研讨会"在屏南举行，潘家恩所在的西南大学乡村振兴战略研究院和屏南乡村振兴研究院是其中两个承办单位。我借此机会踏上前往屏南的旅程。为期三天的会议满满当当，既有高校学者、政府干部的研讨会，又有屏南各村庄的实地考察。潘家恩是其中最活跃也最辛苦的人，确认每位嘉宾行程和发言内容的是他，做分论坛主持人的是他，过问一两百人的用餐、用车、房间安排的是他，带着与会者到各个村庄参观的也是他……

他总是恨不得所有人都知道屏南有多好。

白天他要参会，晚上又拉着各地的嘉宾畅聊，还要安排第二天的行程，我不知道他是如何找时间休息的。可每次看到他，他永远是一副热情洋溢、能量用不完的模样。

潘家恩带我们去拜访艺术家程美信，听他聊古建筑修复；去厦地村的先锋书店，坐在书店往外望，看到的是错落别致的古村落和连片稻田；去四坪村返乡青年开的餐厅，听研究生毕业的他们聊当初为何留在村庄；去中国美术学院在前汾溪村创立的“乡土学院”，看艺术如何走进乡土，乡土又如何激活艺术；去屏南耕读文化博物馆，听张书岩老先生讲他如何自费收集和保护濒临消失的乡村老物件；我们还去了多家新村民开的民宿、书店、小酒吧……

潘家恩仿佛熟悉这里的每一个人，熟悉他们的来历，熟悉每个小巷子里开着的小店，他一句不停地向人介绍着这里的故事。

回程的时间终究到了。那天，潘家恩带大家走完最后一处考察点，拍完最后一张合照，访学团即将散去，人们各回各家。这时，我听见潘家恩小声地对站在身边的上级说：“院长，那我就请一天假，回家一趟。”

那一刻，我突然意识到，眼前这个中年人，回到了自己的家。我认识潘家恩的时候，他只有 30 岁，他戴着眼镜，头发中分，长得比实际年龄更成熟，一看就是读书人；只要说到“乡建”，他能不停顿地聊一小时、两小时、三小时。从那时起，“潘家恩是个学者”的印象就明白无误地刻在我的大脑里。我从没想过要把他写成我笔下的人物，因为他看起来和我脑海中的“返乡青年”没什么关系。

可屏南之行让我看到了一个远行的人回家的故事。回重庆后，我改变了写作计划，决定暂时不写屏南那些新村民了，就写潘家恩。

离家容易，回家难。能顺利回家的人是有福的，至少要满足两个条件：能力要够、时机要准。潘家恩花了 20 年，积累学术知识、积累工作经验，终于在人生的不惑之年站到了家乡的土地上。

在家乡的村庄里，潘家恩拿着无线话筒，热情洋溢地向人们介绍土房子的修复、柿子树的转型、“劳动、土地、资本”三要素的回流；一如当年他在华北平原的翟城村，向来访者事无巨细地介绍晏阳初、平民教育和学院每个项目的最新进展……